高等院校工业设计类"十三五"规划教材

家具制图AutoCAD

主编　常成勋　李伟栋

>>> AutoCAD for Furniture Drawing

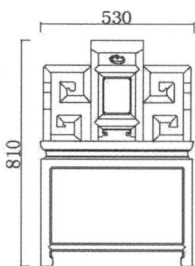

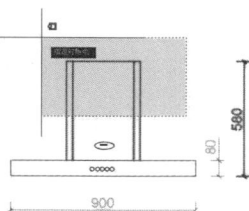

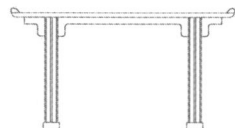

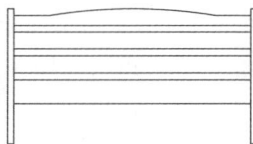

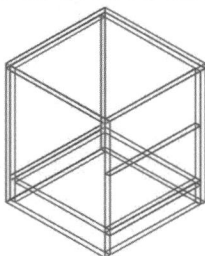

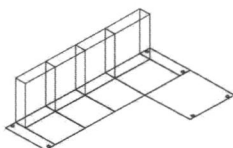

中国海洋大学出版社

·青岛·

图书在版编目（CIP）数据

家具制图AutoCAD ／ 常成勋，李伟栋主编. —青岛：中国海洋大学出版社，2018.2

ISBN 978-7-5670-1708-5

Ⅰ．①家… Ⅱ．①常… ②李… Ⅲ．①家具－制图－AutoCAD软件 Ⅳ．①TS664-39

中国版本图书馆 CIP 数据核字（2018）第 035952 号

出版发行	中国海洋大学出版社		
社 址	青岛市香港东路 23 号	**邮政编码**	266071
出 版 人	杨立敏		
策 划 人	王 炬		
网 址	http://www.ouc-press.com		
电子信箱	tushubianjibu@126.com		
订购电话	021-51085016		
责任编辑	王积庆	**电 话**	0532-85902349
印 制	上海长鹰印刷厂		
版 次	2018 年 3 月第 1 版		
印 次	2018 年 3 月第 1 次印刷		
成品尺寸	210 mm×270 mm		
印 张	10.5		
印 数	1～3000		
字 数	265 千		
定 价	59.00 元		

前　言

　　随着时代的迅猛发展和生活节奏的加快，在建筑设计、室内设计、家具设计等行业中，手工制图和手绘效果图由于效率低已经跟不上发展节奏，取而代之的是功能强大的计算机辅助设计。这就要求相关设计专业学生在掌握制图基本知识、识图、读图的基础上，能够熟练掌握相关软件的使用方法和操作技巧。鉴于此，本书将家具制图基础知识、AutoCAD2016的基础知识和家具制图实用案例充分结合起来，满足教学要求。

　　本书具有以下四个方面的特点。

　　第一，本书对AutoCAD2016软件工作界面及其作用、优化加速、实用新功能等方面进行了详细介绍，将AutoCAD软件知识、技能与制图基本知识充分结合，大量采用任务教学法、案例分析法，使学生在实践中了解AutoCAD制图的全过程，实现"教、学、做一体化"教学。

　　第二，本书将传统教学内容予以精选，以够用、实用为标准，力求精益求精，将复杂、难理解的基础知识、原理等内容进行简化，使读者更加容易理解。

　　第三，本书以AutoCAD2016为基础进行讲解，对于习惯使用AutoCAD低版本的读者来说，通过本书可以快速掌握AutoCAD2016的特点，实现从低版本到2016版本的过渡。

　　第四，实训篇中引入了大量贴近生活的实际案例，极大地丰富了教材的内容，加强了教材的实用性。

　　本书的编写与出版，承蒙湄洲湾职业技术学院、辽宁林业职业技术学院、福建省唐结仿古家具有限公司、福建省琚宝古典家具有限公司等单位领导和同仁的策划与指导，编者在此一并表示衷心的感谢。

　　限于编者的水平，书中难免存在不妥之处，恳请使用本书的师生和读者给予批评指正。

编者

2017年10月

教学导引

一、教材适用范围

本教材是家具设计专业重要的基础课程之一，是学生掌握相关设计的基础课程。本教材以实物案例分析为主导，以家具设计理论为依据，通过上机操作过程的强化训练与相关理论系统的梳理，激发学生的主动性和创造性。本教材适用于高等院校家具设计专业师生，是相关课程的教学参考书，也是社会相关设计师培训的针对性教材。

二、教材学习目标

1. 了解AutoCAD2016的使用方法。
2. 掌握利用AutoCAD2016来制作家具设计图纸的方法。
3. 熟悉相关技术规范及构造节点，使学生的设计有据可查、有的放矢。
4. 培养学生系统、全面、创新的设计能力，提高学生的软件运用能力，使学生准确、迅速地完成设计。

三、教学过程参考

1. 案例分析。
2. 实训循序渐进。
3. 进程汇报与点评。
4. 作业完成与反馈。

四、教材建议实施方法参考

1. 案例讲解。
2. 课堂演示。
3. 实训练习。
4. 分组互动。
5. 作业评判。

课程与课时安排

建议学时：88

章　节	内　容	理论课时
项目一	家具制图基本知识	16
项目二	AutoCAD2016基础	16
项目三	板式床头柜的绘制	8
项目四	板式衣柜的绘制	8
项目五	橱柜的绘制	8
项目六	实木床的绘制	8
项目七	沙发的绘制	8
项目八	太师椅的绘制	8
项目九	翘头案的绘制	8

目　录

基础篇／001

项目一　家具制图基本知识 ································· **003**
　　任务一　制图标准简介 ································· 003
　　任务二　基本作图方法 ································· 011

项目二　AutoCAD2016基础 ························· **019**
　　任务一　初识AutoCAD2016 ····················· 019
　　任务二　AutoCAD2016操作基础 ················· 024

实训篇／035

项目三　板式床头柜的绘制 ························· **037**
　　任务一　床头柜案例分析与AutoCAD绘图环境设置 ····· 037
　　任务二　床头柜主视图的绘制 ····················· 038
　　任务三　床头柜左视图的绘制 ····················· 040
　　任务四　床头柜俯视图的绘制 ····················· 042
　　任务五　床头柜的尺寸标注 ······················· 044
　　任务六　床头柜轴测图的绘制 ····················· 044

项目四　板式衣柜的绘制 ··························· **047**
　　任务一　衣柜案例分析与AutoCAD绘图环境设置 ······· 047
　　任务二　衣柜主视图的绘制 ······················· 048
　　任务三　衣柜左视图的绘制 ······················· 051
　　任务四　衣柜俯视图的绘制 ······················· 053
　　任务五　衣柜的尺寸标注 ························· 055
　　任务六　衣柜零部件图的绘制 ····················· 056

项目五　橱柜的绘制 ····························· **061**
　　任务一　橱柜案例分析与AutoCAD绘图环境设置 ······· 061
　　任务二　测量透视图的绘制 ······················· 063
　　任务三　橱柜平面图的绘制 ······················· 065
　　任务四　橱柜立面图的绘制 ······················· 069

任务五　橱柜模块的使用与修改 ································· 075

任务六　橱柜的尺寸标注 ····································· 079

项目六　实木床的绘制 ·· 084

任务一　实木床案例分析与AutoCAD绘图环境设置 ················ 084

任务二　实木床主视图的绘制 ································· 086

任务三　实木床左视图的绘制 ································· 090

任务四　实木床俯视图的绘制 ································· 094

任务五　实木床剖视图的绘制 ································· 097

任务六　实木床局部详图的绘制 ······························· 098

任务七　实木的尺寸标注 ····································· 100

项目七　沙发的绘制 ·· 106

任务一　沙发三视图的绘制 ··································· 106

任务二　沙发剖面图的绘制 ··································· 113

任务三　沙发轴测图的绘制 ··································· 117

任务四　沙发大样图的绘制 ··································· 119

任务五　沙发的尺寸标注 ····································· 120

项目八　太师椅的绘制 ·· 122

任务一　太师椅案例分析与AutoCAD绘图环境设置 ················ 122

任务二　太师椅主视图的绘制 ································· 123

任务三　太师椅左视图的绘制 ································· 135

任务四　太师椅俯视图的绘制 ································· 142

任务五　太师椅的尺寸标注 ··································· 146

项目九　翘头案的绘制 ·· 149

任务一　翘头案案例分析与AutoCAD绘图环境设置 ················ 149

任务二　翘头案主视图的绘制 ································· 150

任务三　翘头案左视图的绘制 ································· 153

任务四　翘头案俯视图的绘制 ································· 156

任务五　翘头案的尺寸标注 ··································· 157

任务六　翘头案轴测图的绘制 ································· 158

参考文献 ··· 161

基础篇

项目一　家具制图基本知识

项目一中叙述的家具制图标准，以QB/T 1338—2012为准。

任务一　制图标准简介

知识目标：掌握家具制图的基本知识。

能力目标：能绘制正确的家具剖面符号和图例。

一、图纸幅面及格式

1.图纸幅面

图纸宽度（B）和长度（L）组成的图面称为图纸幅面，图纸幅面优先采用规定的基本幅面，必要时可选用加长幅面。加长幅面按基本幅面的短边（B）成整数倍增加而加长幅面。

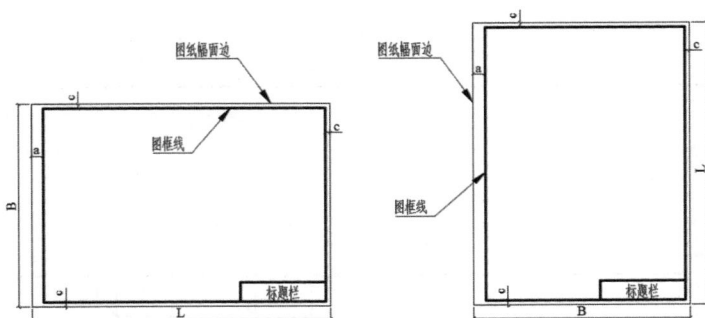

图1-1-1　图框格式

2.图框格式

图纸上必须用粗实线画出图框，其格式如图1-1-1所示，图框线离图纸边的距离如表1-1-1所示。

表1-1-1　图纸基本幅面规格尺寸及图框线离图纸边的距离　　（单位：mm）

幅面代号	A0	A1	A2	A3	A4
B（宽度）×L（长度）	841×1189	594×841	420×594	297×420	210×297
c（图框线离图纸边的距离）	10			5	
a（装订边离图纸边的距离）	25				

3.标题栏

标题栏一般由名称与代号区、签名区、更改区及其他区组成，有两种格式，如图1-1-2所示。标题栏位于图纸右下角，外框用粗实线，中间分格用细实线，各项内容参考图1-1-3。

更改区	其他区	名称与代号区
签名区		

更改区	名称与代号区
签名区	其 他 区

图1-1-2 标题栏格式

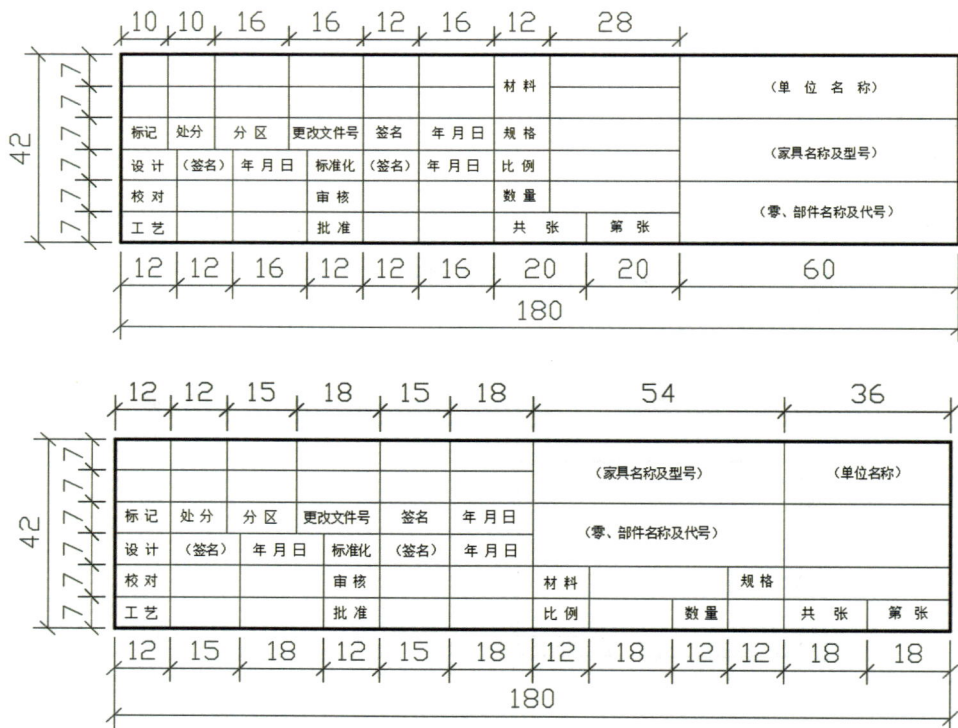

图1-1-3 标题栏内容及尺寸（单位：mm）

二、比例

比例是指图中图形与其实物相应要素的线性尺寸之比。比值为1的比例称为原值比例，即1∶1；比值大于1的比例称为放大比例，如2∶1等；比值小于1的比例称为缩小比例，如1∶2 等。绘图时应采用表1-1-2中规定的比例，最好选用原值比例，但也可根据机件尺寸和复杂程度选用放大或缩小比例。

表1-1-2　图纸比例

种类	常用比例	可选比例
原值比例	1：1	—
放大比例	2：1、4：1、5：1	1.5：1、2.5：1
缩小比例	1：2、1：5、1：10	1：3、1：4、1：6、1：8、1：15、1：20

三、图线

图线是起点和终点间以任意方式连接的一种几何图形，形状可以是直线或曲线、连续线或不连续线。家具图纸中常用的图线及图线应用如表1-1-3、表1-1-4所示。推荐图线的宽度系列为0.18mm、0.25mm、0.3mm、0.35mm、0.5mm、0.7mm、1mm、1.4mm、2mm。

表1-1-3　家具图纸中常用的图线

图线名称	图线型式	图线宽度	画法
实　线	———————	b（0.3mm～1mm）	—
粗实线	———————	1.5b～2b	—
细实线	———————	b/3	—
波浪线	～～～～	b/3或更细	—
双折线	——⌒——	b/3或更细	按GB/T 18686—2002有关规定进行
虚　线	— — — — —	b/3或更细	
点画线	—·—·—·—	b/3或更细	
双点画线	—··—··—	b/3或更细	

表1-1-4　图线应用

序号	图线名称	一般应用
1	实　线	基本视图中可见轮廓线； 局部详图索引标志
2	粗实线	剖切符号； 局部结构详图可见轮廓线； 局部结构详图标志； 图框线及标题栏外框线
3	细实线	尺寸线及尺寸界线； 引出线； 剖面线； 各种人造板、成型空芯板的内轮廓线； 小圆中心线、简化画法表示连接件位置线； 圆滑过渡的交线； 重合剖面轮廓线； 表格的分格线； 局部结构详图中，榫头端部断面表示用线； 局部结构详图中，连接件轮廓线

序号	图线名称	一般应用
4	波浪线	假想断开线； 回转体断开线； 局部剖视分界线
5	双折线	假想断开线； 阶梯剖视分界线
6	虚　线	不可见轮廓线，包括玻璃等透明材料后面的轮廓线
7	点画线	对称中心线； 回转体轴线； 半剖视分界线； 可动零、部件的外轨迹线
8	双点画线	假想轮廓线； 表示可动部分在极限位置或中间位置的轮廓线

四、字体

书写字体必须做到：字体工整、笔画清楚、间隔均匀、排列整齐。字体高度（用h表示）的公称尺寸系列为1.8mm、2.5mm、3.5mm、5mm、7mm、10mm、14mm、20mm。字体高度也称为字号，如5号字的字高为5mm。如果要书写更大的字，其字体高度应以$\sqrt{2}$倍的比值递增。图纸中字体可分为汉字、字母和数字。

1.汉字

汉字应写成长仿宋体，并应采用国家正式公布的简化字。汉字的高度h应不小于3.5mm，其字宽一般为h/$\sqrt{2}$。书写长仿宋体的要点为：横平竖直、注意起落、结构匀称、填满方格。长仿宋体字的示例如图1-1-4所示。

10 号字
字体工整　笔画清楚　间隔均匀　排列整齐

7 号字
横平竖直注意起落结构均匀填满方格

5 号字
技术制图机械电子汽车航空船舶土木建筑矿山井坑港口纺织服装

3.5 号字
螺纹齿轮端子接线飞行指导驾驶舱位挖填施工引水通风闸阀坝棉麻化纤

图1-1-4　长仿宋体字

2.字母和数字

字母和数字分为A型和B型。A型字体的笔画宽度为字高的1/14，B型字体的笔画宽度为字高的1/10。在同一图纸上，只允许选用一种字体。一般采用A型斜体字，斜体字字头向右倾斜，与水平基准线成75°。拉丁字母大写斜体、拉丁字母小写斜体、阿拉伯数字斜体、拉丁字母大写直体、拉丁字母小写直体示例如图1-1-5至图1-1-9所示。

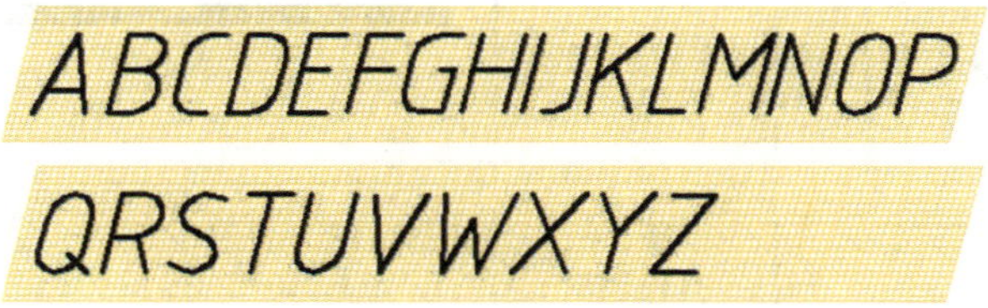

图1-1-5　拉丁字母大写斜体

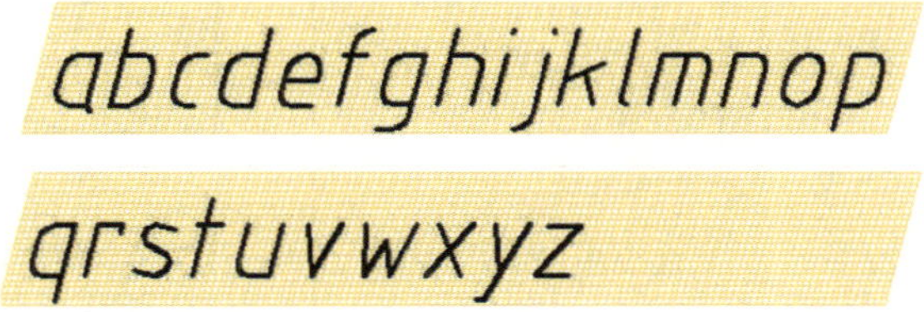

图1-1-6　拉丁字母小写斜体

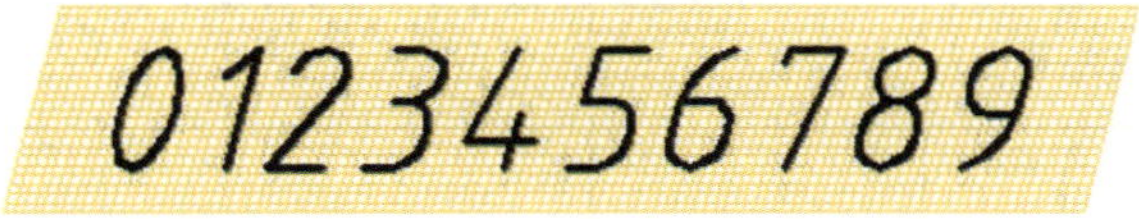

图1-1-7　阿拉伯数字斜体

图1-1-8　拉丁字母大写直体

图1-1-9　拉丁字母小写直体

五、剖面符号与图例

1.家具基本图例与剖面符号

当家具或零部件画成剖视图及剖面图时，被剖切部分一般应画出剖面符号，以表示被剖切家具或零部件材料的类别。剖面符号用线（剖面线）均为细实线，如表1-1-5所示。

表1-1-5　常用材料剖面符号

材料			剖面符号	材料	剖面符号
木材	横剖	方材		纤维板	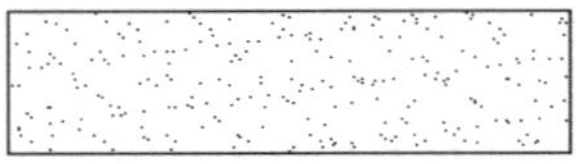
		板材	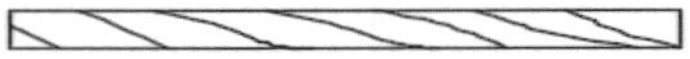	金属	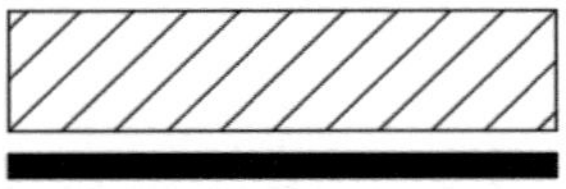
	纵剖		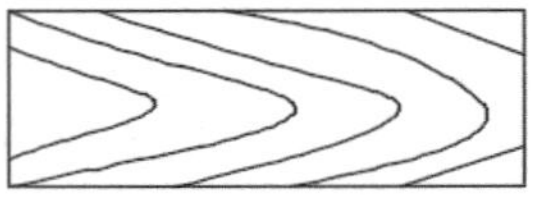		
胶合板			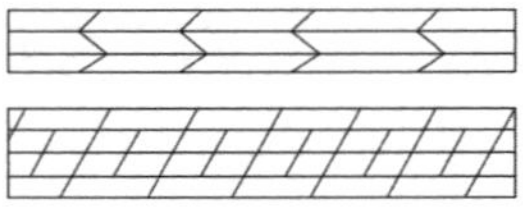	塑料 有机玻璃 橡胶	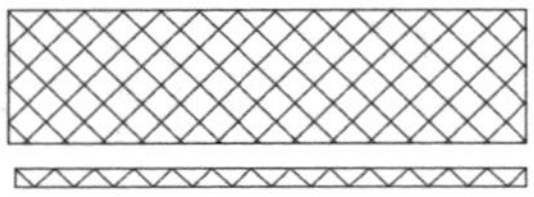
刨花板			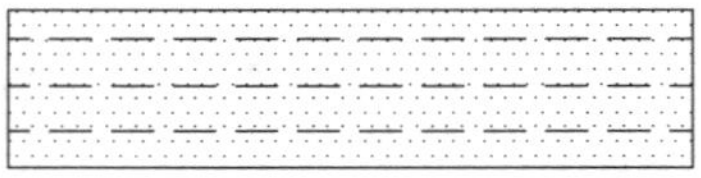	软质填充料	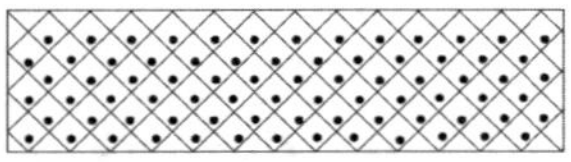
细木工板	横剖		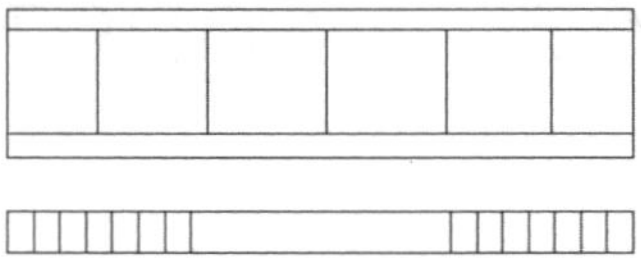	砖石料	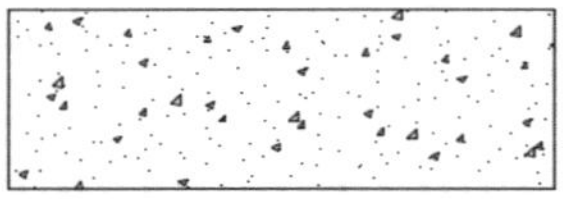
	纵剖		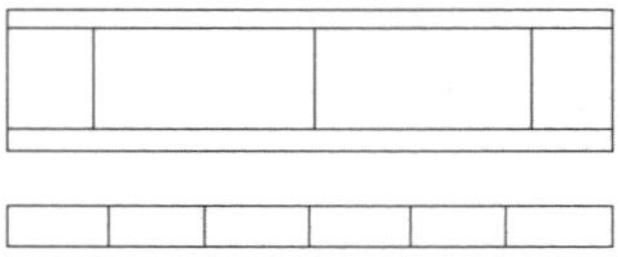		

注：

（1）木材横剖的剖面符号，方材以相交两直线为主，板材不应用相交两直线。在基本视图中木材纵剖时，若影响图面清晰，可省略剖面符号。

（2）胶合板层数应用文字注明，在视图中很薄时可以不画剖面符号。剖面符号细实线倾斜方向均与主要轮廓线成30°。

（3）基本视图中，基材表面贴面部分可与轮廓线合并，不必单独表示。

（4）金属剖面符号与主要轮廓线应成45°倾斜的细实线。在视图中，当金属厚度不大于2mm时，应涂黑剖面。

玻璃、镜子等部分材料在视图中可画出图例，以表示其材料，画法如表1-1-6所示。

表1-1-6　部分材料图例与剖切符号

名称	图例	剖切符号
玻璃		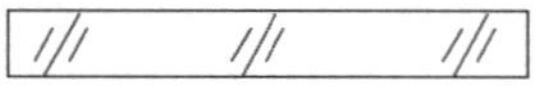

续表

名称	图例	剖切符号
镜子	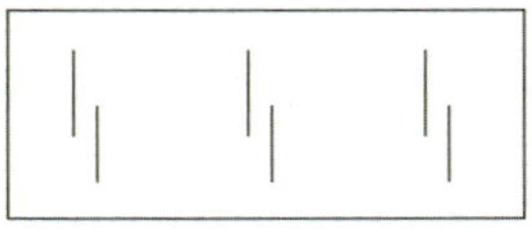	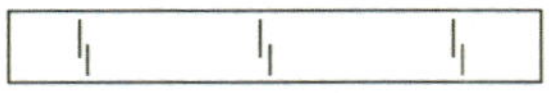
弹簧	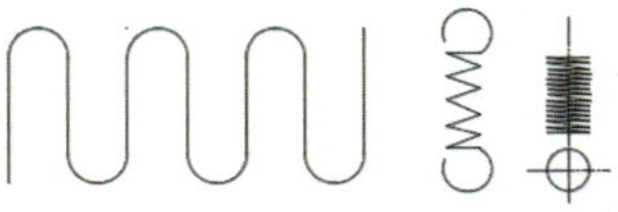	—
空心板	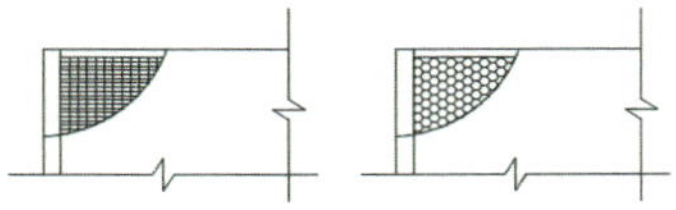	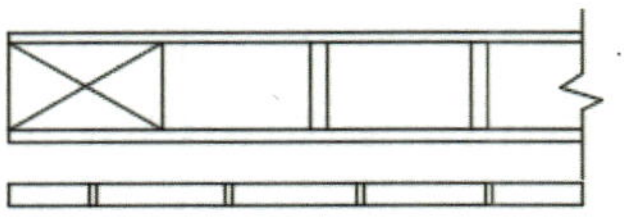
竹、藤编	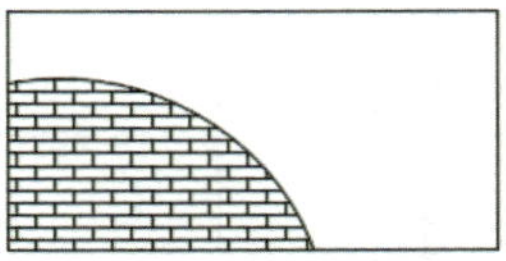	
纱网	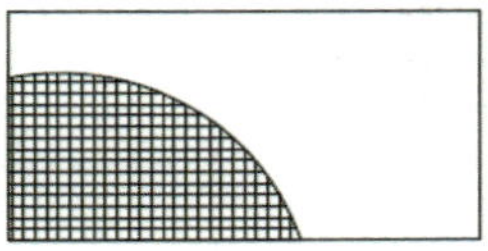	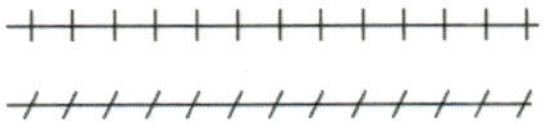

2.家具拼板画法图例

家具拼板在家具制作中经常使用，包括使用结合件和不使用结合件两种拼板形式，常见家具拼板画法图例如表1-1-7所示。

表1-1-7 常见家具拼板画法图例

名称	图例符号	名称	图例符号
明螺钉拼板	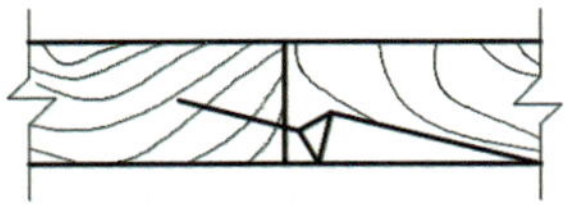	暗螺钉拼板	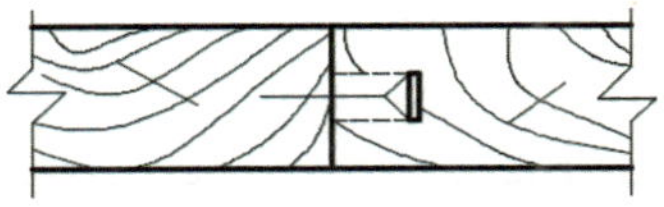
穿条拼板	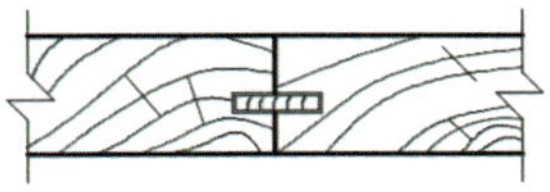	企口拼板	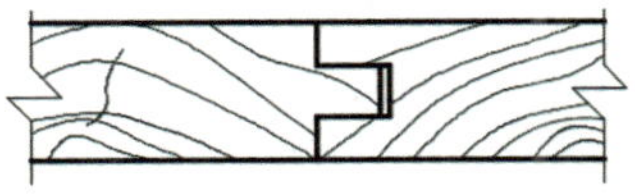
齿形拼板	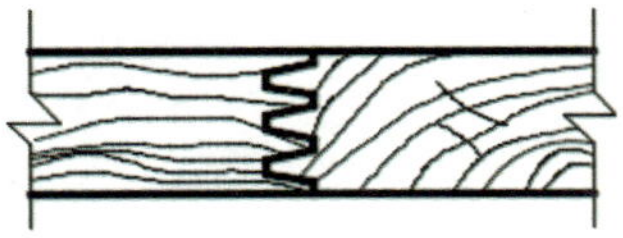	平面拼板	
搭口拼板	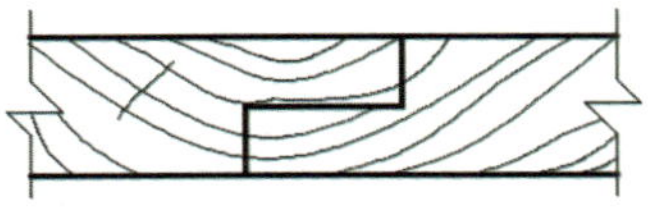	插入榫拼板	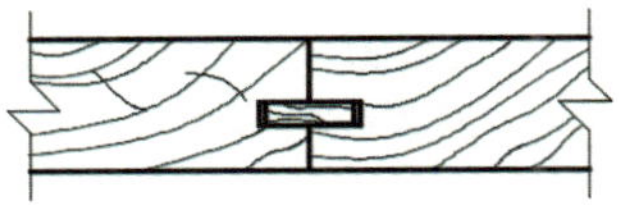

3.家具连接画法图例

在绘制家具图过程中，家具连接部位可以采用简化的绘图方法画出连接方式，常见家具连接件及连接简化画法图例如表1-1-8所示。

表1-1-8　家具连接件与连接简化画法图例

名称	图例符号	名称	图例符号
螺栓连接	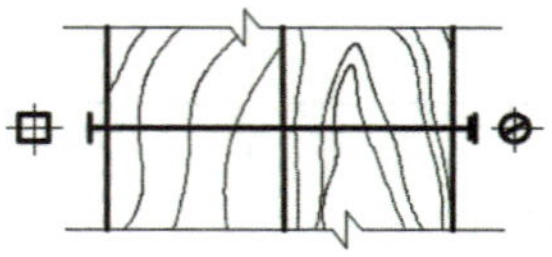	圆钢钉连接	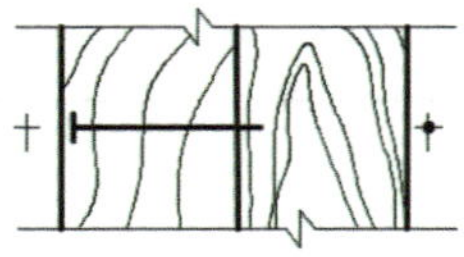
矩形连接板连接	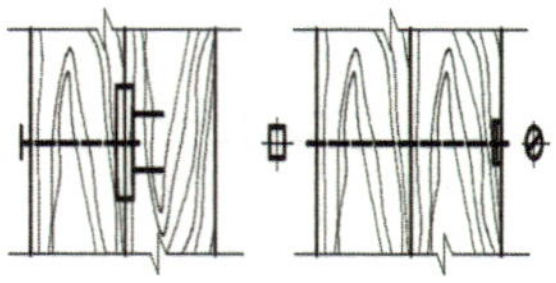	螺栓沉孔连接	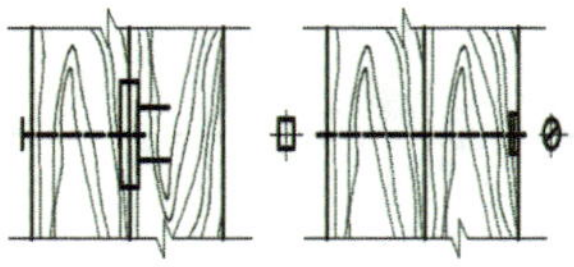
沉头木螺钉连接	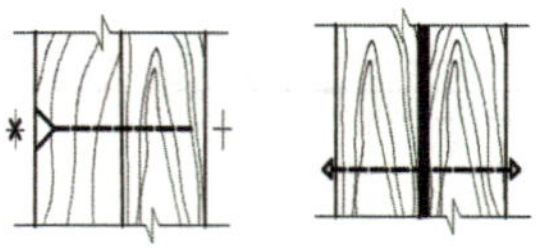	带垫圈铆钉连接	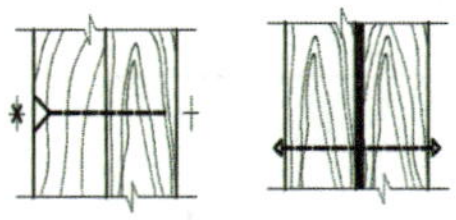
半圆头木螺钉		羊眼圈	
沉头钉		半沉头木螺钉	
泡钉		无头钉	

任务二　基本作图方法

知识目标：掌握家具视图的正确画法。

能力目标：能绘制正确的家具视图。

一、视图

一般情况下，家具视图用第一角正投影法，家具轴测图用平行斜投影法，家具透视图采用中心投影法。家具图样具体画法按GB/T 14692—2008的规定进行。

1. 投影法的种类

（1）中心投影法，指投射中心距离投影面在有限远的地方，投影时投射线汇交于投射中心的投影法，如图1-2-1所示。

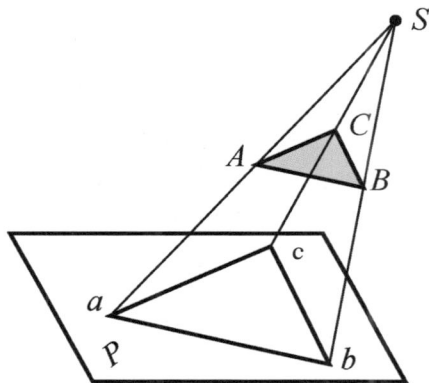

图1-2-1　中心投影法

（2）平行投影法，指投射中心距离投影面在无限远的地方，投影时投射线都相互平行的投影法。根据投射线与投影面是否垂直，平行投影法又可以分为两种。

① 斜投影法：投射线与投影面相倾斜的平行投影法，如图1-2-2（a）所示。

② 正投影法：投射线与投影面相垂直的平行投影法，如图1-2-2（b）所示。

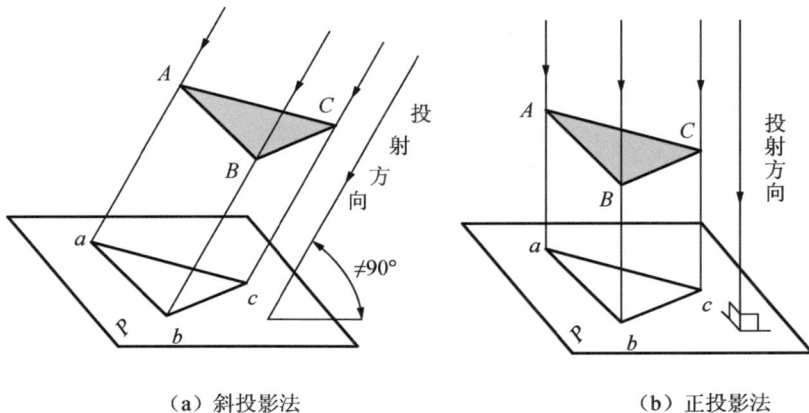

（a）斜投影法　　　　　　　　（b）正投影法

图1-2-2　平行投影法

2. 常用家具视图的画法

（1）基本视图。

将家具或零部件置于第一分角内，分别向垂直于6个基本投影面投影所得的视图为基本视图，其中主视图、俯视图、左视图为常用视图，其余3个为右视图、仰视图和后视图，各视图之间的配置关系如图1-2-3所示。

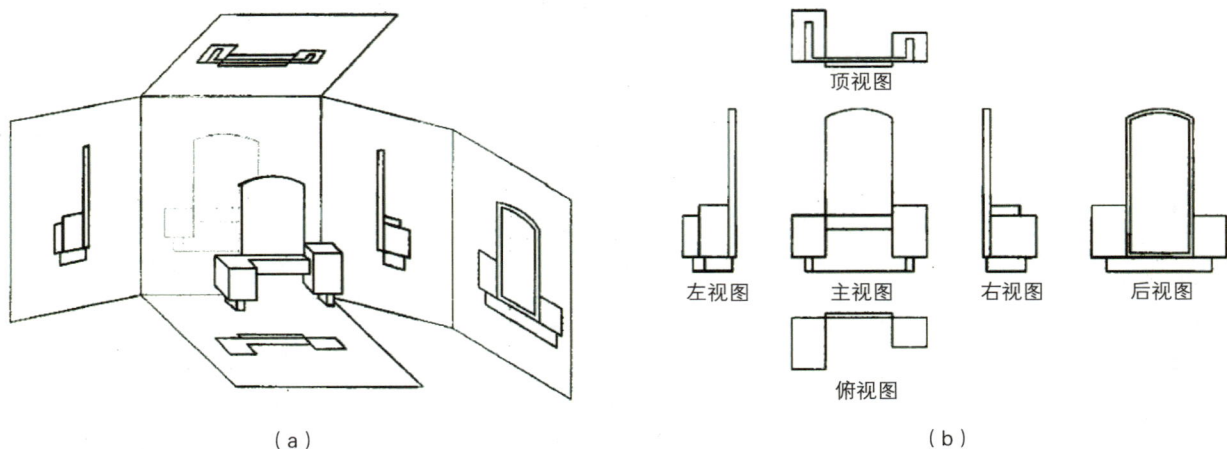

（a）

（b）

图1-2-3　基本视图

（2）斜视图。

家具某零部件向不平行于基本投影面投影所得的视图称为斜视图。在相应的视图附近需用箭头指明投影方向，并注上字母，如图1-2-4（a）所示，如需要将图形旋转成水平位置，图名应加上"旋转"两字，如图1-2-4（b）所示。

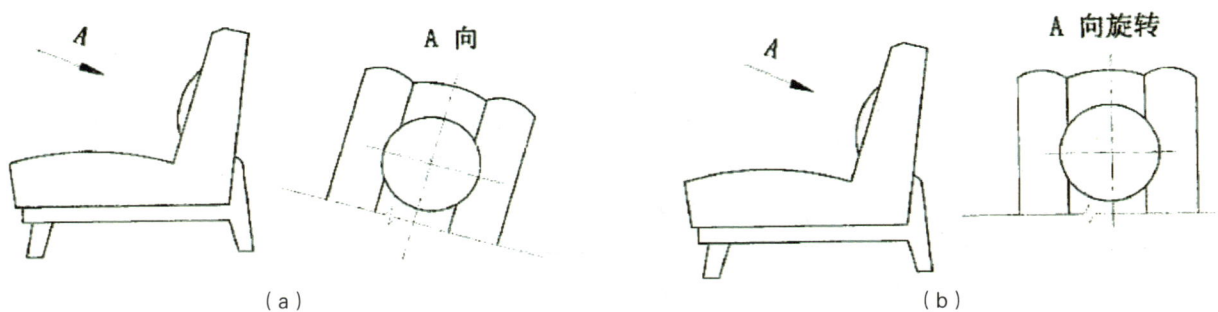

（a）

（b）

图1-2-4　斜视图

（3）局部视图。

家具某部分向基本投影面投影所得的视图称为局部视图。局部视图一般用双折线或波浪线断开，图形应标出名称如"A向"，在相应的视图附近用箭头指明投影方向，如图1-2-5所示。

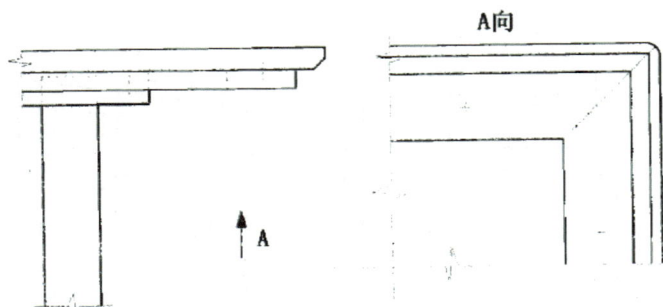

图1-2-5　局部视图

（4）剖视图。

在三视图中，画家具或产品的轮廓线用实线，内部结构看不见的轮廓线画成虚线，当形体的内部结构比较复杂或被遮挡的部分较多时，图纸上的虚线混杂不清，给看图增加了困难。解决这个问题的办法是，假想用剖切面剖开家具或其零部件，将处在观察者和剖切面之间的部分移去，其余部分向投影面投影，所得的图形称为剖视图。

一般情况下，应在剖视图上方标出图名；在相应的视图上用剖切符号表示剖切位置，并注上同样的字母，如图1-2-6所示。当剖切平面通过五金件、轴、销、螺栓等实心零件的轴线时，这些零件按未被剖切绘制。

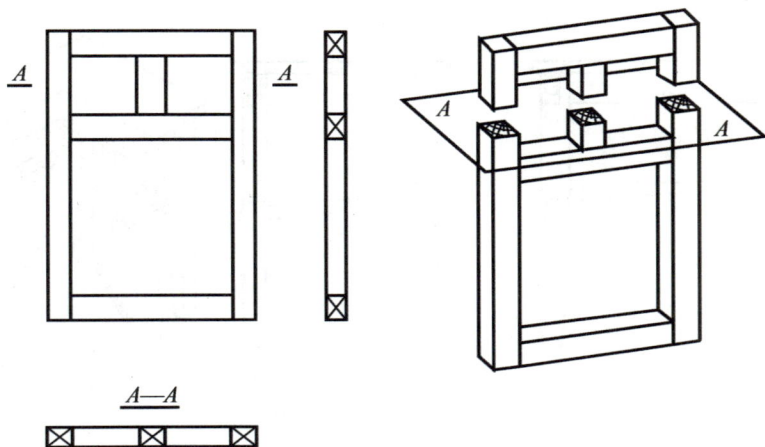

图1-2-6　剖视图

剖视图包括全剖视图、半剖视图、局部剖视图、旋转剖视图和阶梯剖视图。

① 全剖视图。

用一个剖切面完全地剖开家具或其零、部件所得的剖视图称全剖视图。剖切面一般为正平面、水平面和侧平面，如图1-2-7所示。

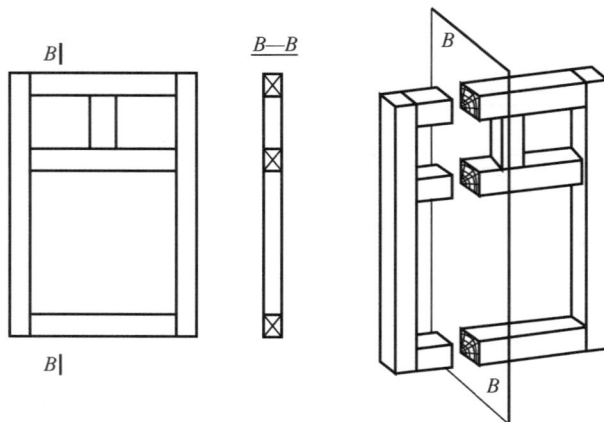

图1-2-7　全剖视图

② 半剖视图。

当家具或其零部件对称（或基本对称）时，在垂直于对称面的投影面上的投影，可以中心线为分界线，一半画成剖视图，另一半画外形视图，这样的视图叫半剖视图。半剖视图的剖切位置一般切在对称面或靠近中部，不要贴近两个不同形状结构的交界处，其标注方法与全剖视图相同，剖切符号要横贯图形，以表示剖切面位置，如图1-2-8所示。

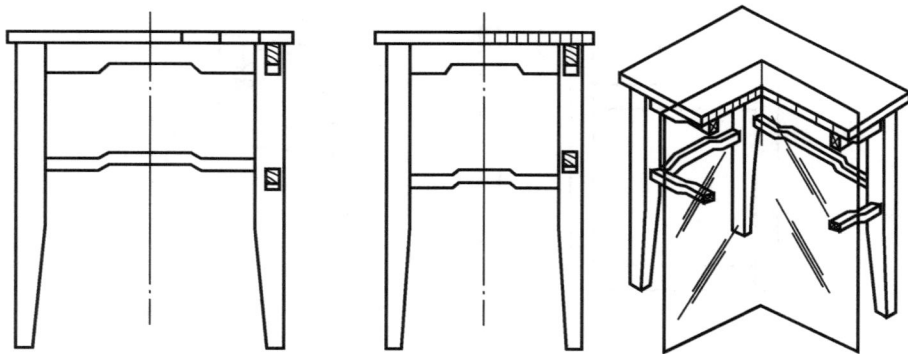

图1-2-8　半剖视图

半剖视图利用所画对象的对称性，一个视图既反映内部结构形状，同时也画出了外形，简化了视图。

③ 局部剖视图。

用剖切平面局部地剖开家具或其零部件得到的剖视图就是局部剖视图，如图1-2-9所示。

④ 阶梯剖视图。

由两个或两个以上相互平行的剖切平面，剖开家具或其零部件所得到的剖视图叫阶梯剖视图，如图1-2-10所示。

⑤ 旋转剖视图。

当两个剖切平面呈相交位置时，需要通过旋转使之处于同一平面内，得到的剖视图称为旋转剖视图，如图 1-2-11所示。

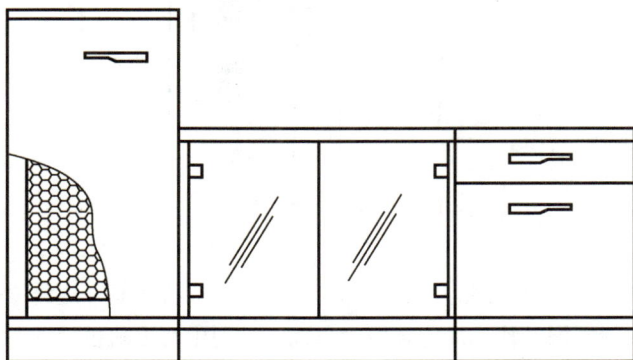

图1-2-9　局剖剖视图

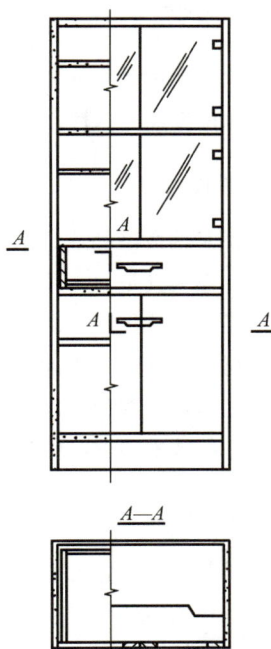

图1-2-10　阶梯剖视图

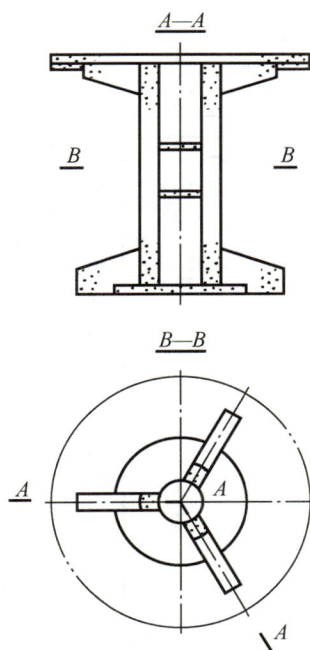

图1-2-11　旋转剖视图

（5）局部详图。

将家具或其零部件的部分结构，用大于基本视图或原图形所采用的比例画出的图形，称局部详图。局部详图可画成视图、剖视、剖面，它与被放大部分的表达方式无关，如图1-2-12所示。

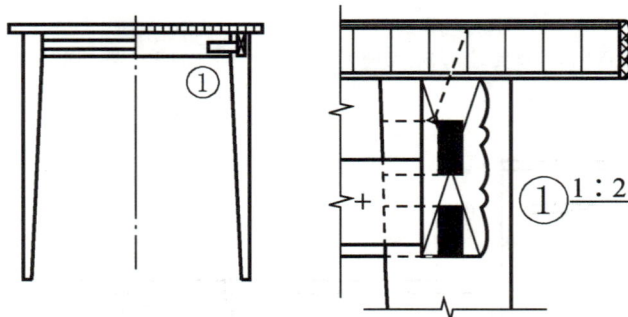

图1-2-12　局部详图

　　局部详图应尽量配置在被放大部位的附近,有关部分尽可能以双折线断开连起来画,在视图中被放大部位的附近,应画出直径8mm的实线圆圈,作为局部详图索引标志,圈中写上阿拉伯数字。同时,在相应的局部详图附近则画上直径12mm的粗实线圆圈,圈中写上同样的阿拉伯数字,作为局部详图标志。

三、家具图样

　　家具图样的种类较多,常用家具施工图样有家具零件图、部件图、大样图、结构装配图等。

1.零件图

　　零件是构成产品最基本的加工单体,这种单体最主要的特点为其是由一种材料加工而成的最基本的加工体。零件图能按照投影原理,完整表达家具零件的形态和材质情况,并正确标明零件各部分结构形状的大小及相对位置的尺寸,以及零件相关的尺寸公差、验收条件等技术要求,如图1-2-13所示。

2.部件图

　　部件是由几个零件构成的组装件,既可以是由一种材料制作的零件组成的,也可以是由几种不同材料制作的零件组成的。家具中常见的部件如抽屉、各种旁板、底座、脚架、柜门、顶板、面板、背板等。

　　部件图主要用来表达部件中各个零件之间的装配关系,如:各零件之间的结合和安装方法、零件之间的装配所需尺寸等。部件图上的技术要求除了包括表面加工的粗糙度和零件本身的加工公差以外,更重要的是各零件之间的配合精确的标注,如图1-2-14所示。

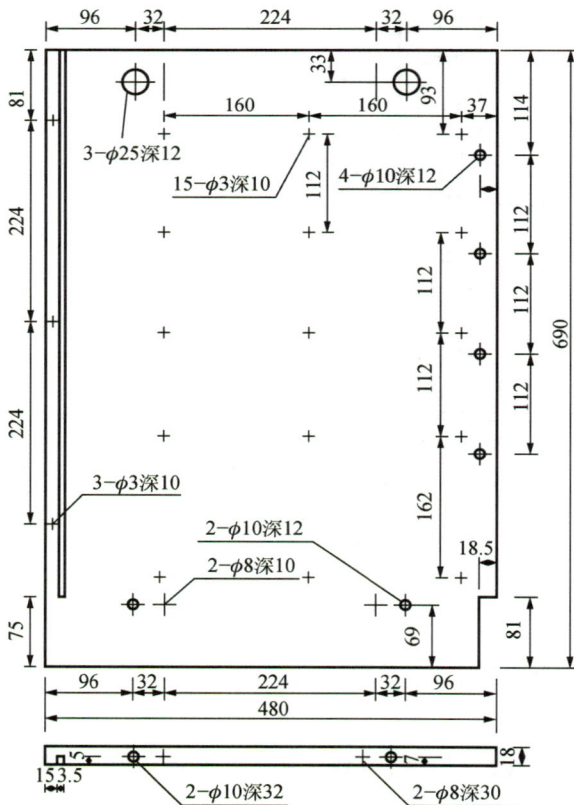

图1-2-13　零件图

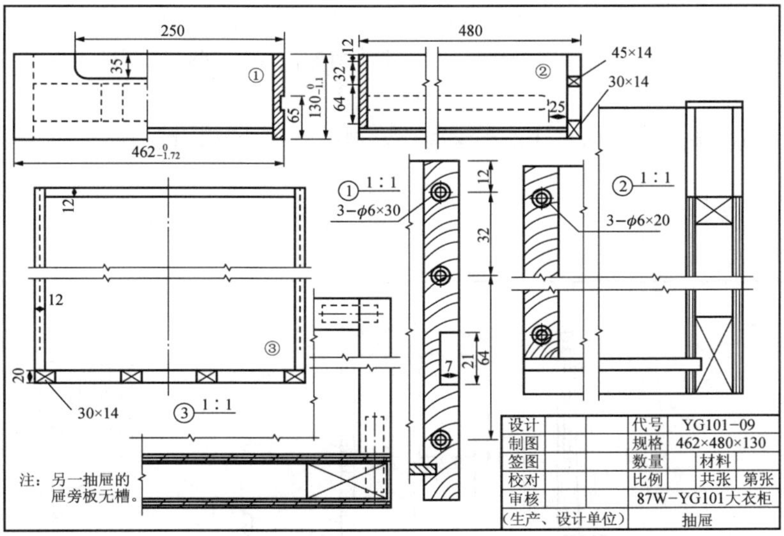

图1-2-14 抽屉部件图

3.大样图

家具中较复杂又难以用几何弧线表达的曲形零件，采用各种等比正方形网格线的方法画出的图样叫大样图，如图1-2-15所示。在家具的大样图中常采用1:1、1:2等比例。

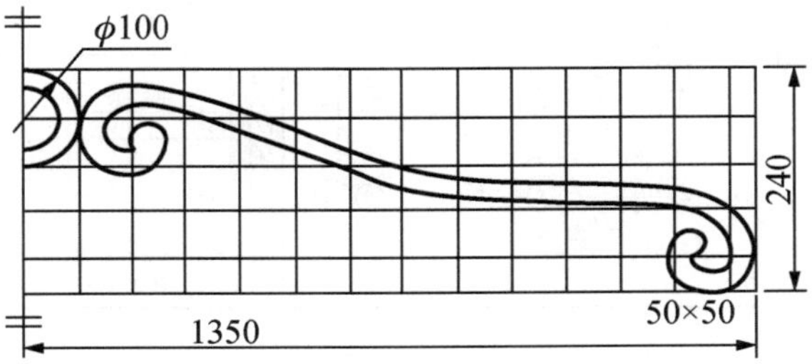

图1-2-15 大样图

大样图不仅适用于形状复杂的曲形零件，而且对于一些曲线形家具也必须把家具的整体结构和整体装配图绘制成大样图来满足加工生产。

4.结构装配图

结构装配图又称为施工图，是家具或产品图纸中最重要的图纸，是表达家具内外详细结构的图纸，主要是指零件间的结合配装方式、一般零件的选料、零件尺寸的决定等，在框式家具的生产中应用较多。为满足这些使用要求，结构装配图要求表现家具的内外结构、零部件装配关系，同时还要能表达清楚部分零部件的形状和尺寸。

结构装配图主要包括家具的总体尺寸，各零部件定型、定位尺寸，以及必要的局部详图等，如图1-2-16所示。

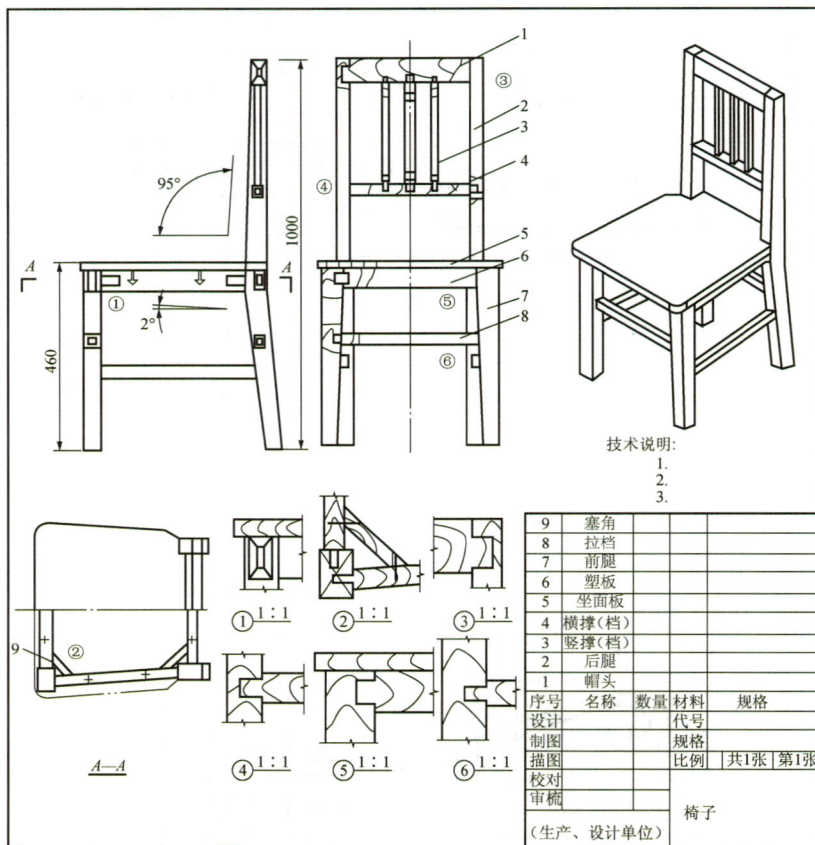

图1-2-16　实木椅子结构装配图

项目二　AutoCAD2016基础

　　AutoCAD2016扩展了AutoCAD以前版本的优势和特点，添加了许多新功能，如：丰富了屏幕体验，用户可以创造出想象中的任意图形等。同时也将一些原有功能进行了完善，如：PDF文件输出质量得到了全面提升，尺寸标注变得更加智能，可以根据用户选择的对象类型自动创建适当尺寸等。总之，AutoCAD2016版本为使用者提供了更高效、更直观的设计环境，大大提高了用户的工作效率。

任务一　初识AutoCAD2016

　　知识目标：了解AutoCAD2016工作界面及其作用。
　　能力目标：会使用AutoCAD2016新建文件、打开文件和保存文件。

一、AutoCAD2016工作界面及作用

　　安装软件后，双击图标启动AutoCAD2016，打开后直接进入【草图与注释】工作界面，该界面显示了二维绘图特有的工具，如图2-1-1所示。

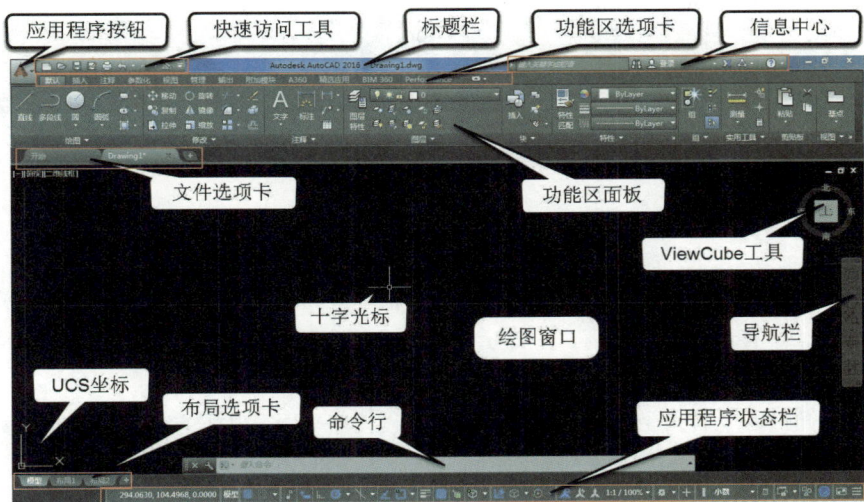

图2-1-1　AutoCAD2016默认【草图与注释】工作界面

　　AutoCAD2016的工作界面具体包括以下几个部分。

1.标题栏

　　位于界面最上面中间位置，显示"CAD版本+当前文件名称+.dwg"，最右侧有"最小化""恢复窗口大小"和"关闭"三个按钮。

2．快速访问工具栏

位于标题栏左侧位置，如图2-1-2所示。默认状态下，快速访问工具栏包括：新建、打开、保存、另存为、打印、撤销、重做、图纸集管理器命令。快速访问工具栏还有一个常用控件【工作空间】，需单击右侧向下三角进行选择，如图2-1-3所示。

图2-1-2　快速访问工具栏

图2-1-3　带工作空间的快速访问工具栏

工作空间是菜单、工具栏、选项板和功能区面板的集合，将它们重新组织可以创建一个基于任务或者适应用户使用习惯的绘图环境，方便用户切换到不同工作空间。单击工作空间右侧向下箭头，弹出下拉列表即可根据工作空间名称进行选择。

3．功能区

功能区选项卡下方为功能区面板，即功能区由许多面板组成。功能区面板可以水平、垂直显示，其中包含了设计绘图的绝大多数命令，用户只需单击面板上的按钮就可激活相应命令进行使用，如图2-1-4所示。

图2-1-4　功能区

4．绘图窗口

绘图窗口是界面窗口中面积最大的区域，通过滚动鼠标滚轮可以对窗口中图形进行缩放，按压鼠标滚轮可以对窗口中图形进行平移，移动鼠标窗口中显示的十字光标会随着移动，绘制图形时光标显示为"+"，拾取编辑对象时光标显示为"□"。

绘图窗口左下角显示了直角坐标系，用于指示图形设计的平面，其下方有模型和布局两个标签，通过单击标签可以进行工作空间切换，其中模型为模型空间，布局为图纸空间。

绘图窗口底部应用程序状态栏中按钮🔲或者使用快捷键【Ctrl+0】可以使绘图窗口最大化。

注：绘图窗口中如果显示栅格，用户可以使用快捷键F7将其关闭。

5．命令窗口

命令窗口由输入命令行和命令显示区域组成，命令窗口可显示提示、选项和消息。默认界面窗口中只在绘图窗口下方中间位置显示输入命令行，如图2-1-5所示，用户需要将鼠标放在命令行上边框上，当出现"↕"图标时，按住鼠标左键向上拖动将出现显示区域，一般显示三行命令，如图2-1-6所示。

图2-1-5　命令行

图2-1-6　命令窗口

许多长期使用AutoCAD的用户喜欢直接在命令窗口中输入命令，而不使用功能区、工具栏和菜单。当开始键入命令时，命令窗口会提供多个可能的命令（图2-1-7），用户可以通过单击或使用箭头键并按Enter键或空格键来进行选择。

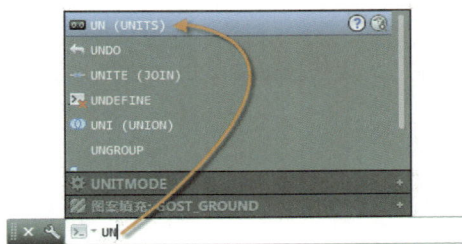

图2-1-7　输入命令时命令窗口提供多个命令

用户使用命令或者进行修改系统变量都可以根据命令行的提示来一步一步进行参数和选项设置，并且所有的操作过程都被记录在命令行里，用户可以通过按功能键【F2】来查看操作过的命令和参数的设置，检查自己是否有操作失误的地方。

6. 应用程序状态栏

应用程序状态栏功能反映操作状态，如图2-1-8所示。

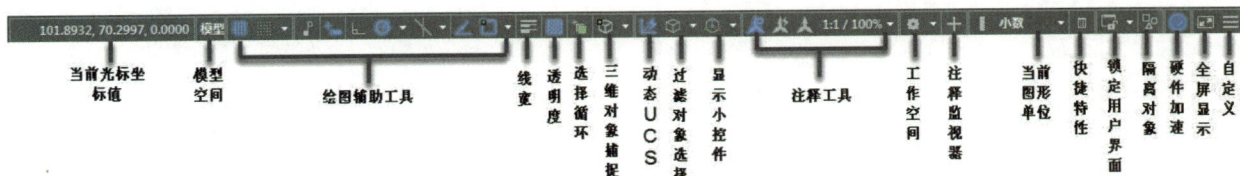

图2-1-8　应用程序状态栏

二、新建图形文件

（1）单击【应用程序】按钮，在下拉列表中找到"新建"。

（2）单击【快速访问】工具栏第一个图标。

（3）在【文件选项卡】开始中单击快速入门下方的"开始绘制"按钮，如图2-1-9所示。

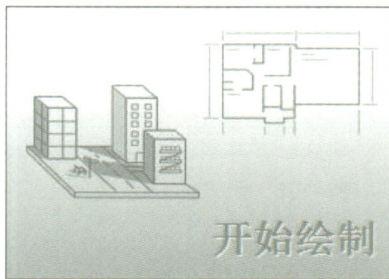

图2-1-9　"开始绘制"按钮

（4）命令行里输入：new，然后回车。

（5）快捷键：Ctrl+N。

注：在弹出的"选择样板"对话框中，一般选择acadiso.dwt文件。

三、打开图形文件

（1）单击【应用程序】按钮，在下拉列表中找到"打开"。

（2）单击【快速访问】工具栏第二个图标。

（3）命令行里输入：open，然后回车。

（4）快捷键：Ctrl+O。

　　另外，AutoCAD提供了一个局部打开功能，可以提高图纸的打开速度。局部打开功能基于图层，可以有选择性地打开部分需要的图层，如图2-1-10、图2-1-11所示。

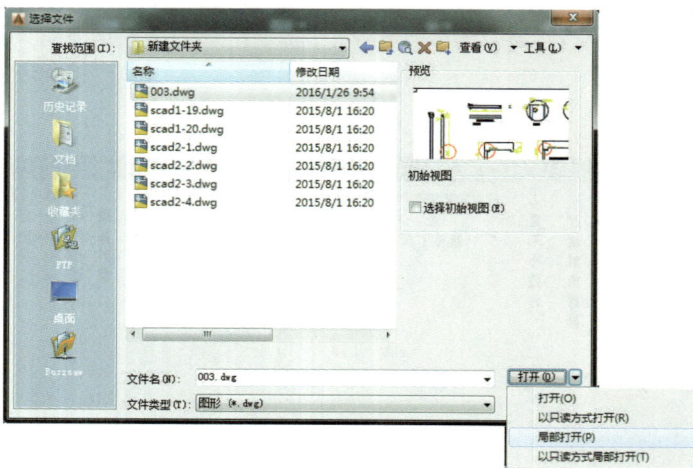

图2-1-10　选择文件对话框局部打开选项位置

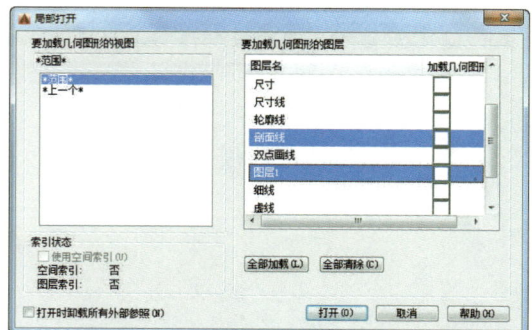

图2-1-11　局部打开对话框

　　当同时打开多个文件时，可以使用"Ctrl+F6"或者"Ctrl+Tab"快捷键进行图形文件之间的切换。

四、保存图形文件

图形创建好后，用户需要将图形文件进行保存，常用保存方法有以下几种。

（1）单击【应用程序】按钮，在下拉列表中找到"保存"或"另存为"。

（2）单击【快速访问】工具栏第三个"保存"图标或第四个"另存为"图标。

（3）命令行里输入：save，然后回车。

（4）命令行里输入：qsave，然后回车。

（5）快捷键：Ctrl+S。

（6）保存图形样板。

用户所有设置都可以保存在图形样板文件中。用户可以将任何图形（.dwg）文件另存为图形样板（.dwt）文件，如图2-1-12所示。

对于英制单位，假设单位是英寸，使用 acad.dwt 或 acadlt.dwt。

对于公制单位，假设单位是mm，使用 acadiso.dwt 或 acadltiso.dwt。

也可以打开现有图形样板文件，单击"打开"，在"选择文件"对话框中找到"图形样板（*.dwt）"并选择样板文件进行修改，然后重新将其保存，并重新命名文件（图2-1-13）。

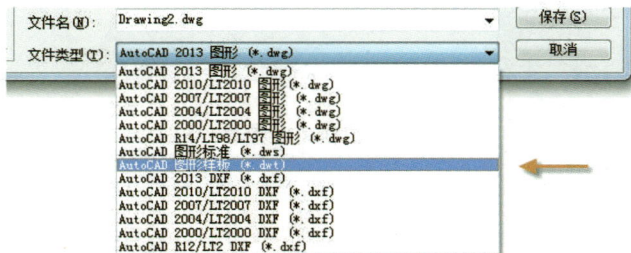

图2-1-12　保存新的图形样板文件　　　　　　图2-1-13　修改已有图形样板文件

五、注意事项

（1）重复上一个命令，按Enter键或空格键。

（2）查看各种选项，先选择一个对象，然后单击鼠标右键，或在用户界面元素上单击鼠标右键。

（3）取消正在运行的命令或者如果感觉运行不畅，按Esc键。

（4）单击鼠标左键为"选择对象""指定位置"，单击右键为"快捷菜单"，滚动鼠标滚轮可以对窗口中图形进行缩放，按压鼠标滚轮可以对窗口中图形进行平移。

任务二　AutoCAD2016操作基础

知识目标：掌握AutoCAD2016新功能的使用及优化加速的方法。

能力目标：能进行AutoCAD2016经典界面设置。

一、AutoCAD2016经典界面设置

习惯使用低版本AutoCAD的用户在第一次使用AutoCAD2016时，如果对其默认的界面使用起来不顺手，可以将当前界面设置成低版本的经典界面，并将设置好的界面进行保存，方便以后调用。具体设置方法如下。

1.显示菜单栏

将鼠标放在【快速访问】工具栏中最右侧 ▼ 图标上，单击鼠标左键，在下拉列表中选择"显示菜单栏"选项（图2-2-1），在【快速访问】工具栏下方会显示菜单栏，如图2-2-2所示。

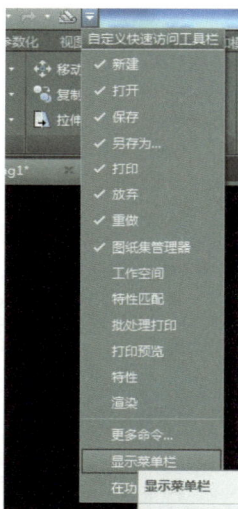

图2-2-1　选择"显示菜单栏"

图2-2-2　菜单栏

2.关闭【功能区】选项卡和面板

将鼠标放在【功能区】选项卡任意位置上，单击鼠标右键出现下拉列表，如图2-2-3所示，找到最后一项"关闭"并单击鼠标左键，此时【功能区】选项卡和【功能区】面板将被关闭，显示效果如图2-2-4所示。

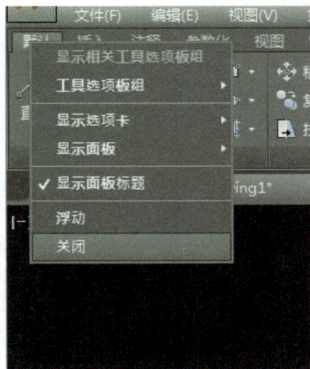

图2-2-3　功能区关闭按钮位置　　　　　　图2-2-4　关闭功能区后界面效果

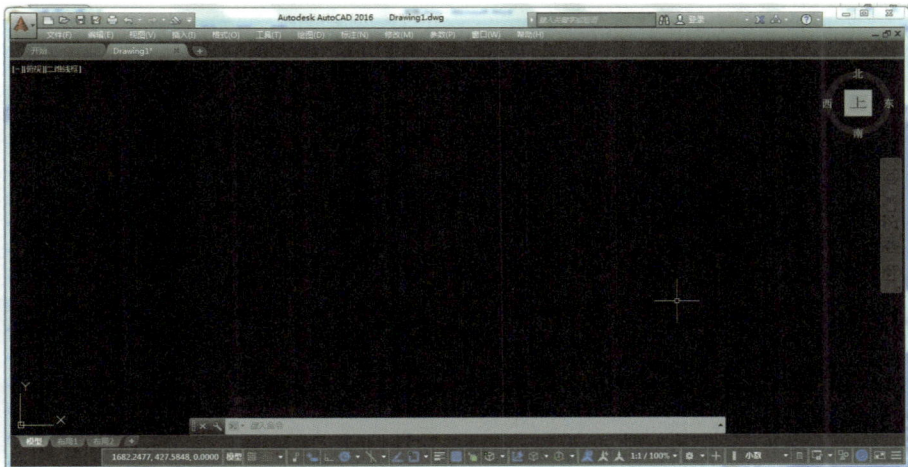

3.显示工作空间

将鼠标放在【快速访问】工具栏中最右侧 ▼ 图标上，单击鼠标左键，在下拉菜单中选择"工作空间"，如图2-2-1所示。

4.关闭ViewCube工具

在命令行里输入"NAVVCUBEDISPLAY"，当前默认值为3，将其改为0，如图2-2-5所示，即可关闭ViewCube命令，如果想重新启用该命令，将值更改回3。用户也可以在菜单栏中选择"工具—选项—三维建模—在视口中显示工具—显示ViewCube—二维线框视觉样式"，将其前面的"√"勾选掉完成关闭ViewCube命令。

图2-2-5　关闭ViewCube工具

5.添加常用工具栏

在菜单栏中找到工具，单击"工具—工具栏—AutoCAD—修改"，在窗口右侧将会出现修改常用的修改工具栏相关选项，如图2-2-6所示。

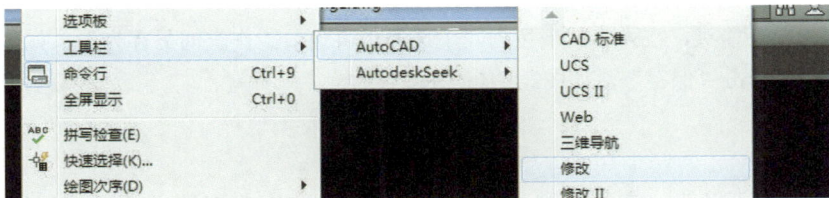

图2-2-6　添加修改工具栏

按照上面方法依次找到："标准""图层""绘图""绘图次序""特性""样式"，或者将鼠标放在修改工具栏中任意一个图标上单击鼠标右键找到上述工具栏，让它们同时显示。

6.其他设置

在命令行中输入"STARTMODE"，将默认值1更改为0，关闭【开始】文件，如图2-2-7所示，该设置根据用户习惯自行设置。

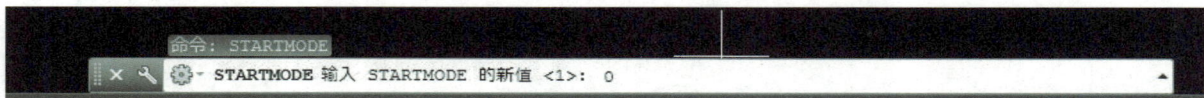

图2-2-7　关闭【开始】文件

另外，调整命令行所在位置完成经典界面设置（图2-2-8）。

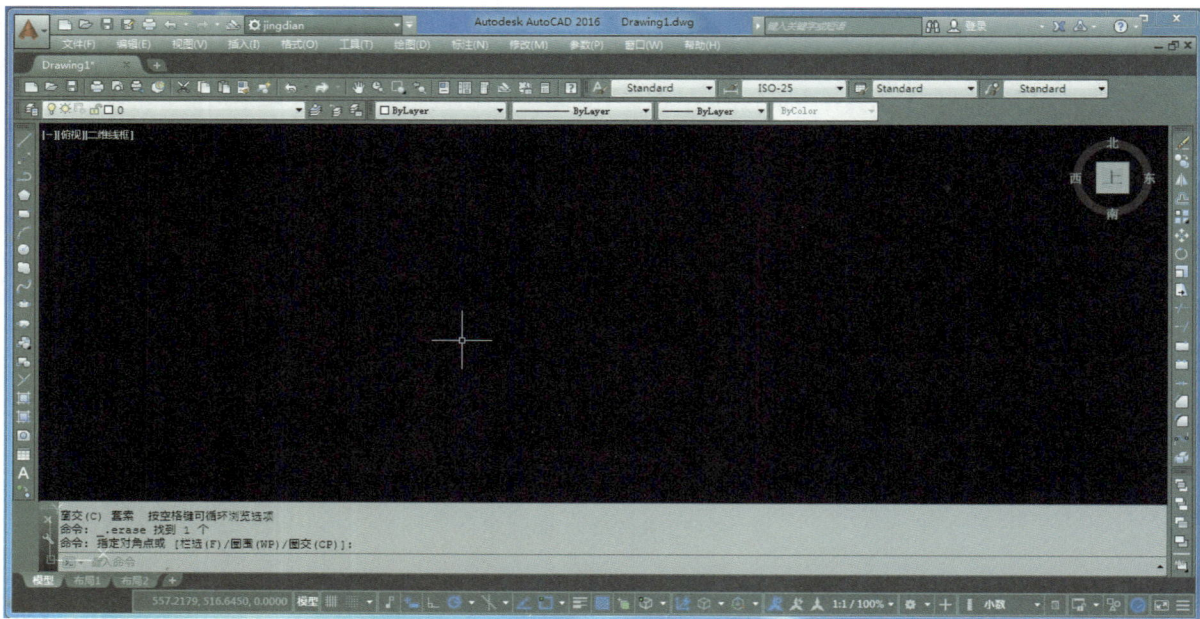

图2-2-8　经典界面

7.保存经典界面

单击工作空间右侧向下箭头，在弹出的下拉列表中选择"将当前工作空间另存为"，如图2-2-9所示，在弹出的对话框中输入名称，单击"保存"，如图2-2-10所示。

8.调用设置界面

单击工作空间右侧向下箭头，在下拉列表中选择保存的工作空间名称，即可调用所设置的界面（图2-2-11）。

图2-2-9　将当前工作空间另存为位置

图2-2-10　保存工作空间对话框

图2-2-11　调用工作空间

二、优化加速

高版本的CAD对电脑配置要求较高，在使用时偶尔会出现卡顿现象，为了使绘图工作流畅，推荐两种优化加速方法。

1. AutoCAD2016自带硬件加速

AutoCAD2016默认硬件加速为开启状态。右键单击右下角蓝色圆形图标，左键单击"图形性能"，开启硬件加速，对于只绘制二维图形的用户，可以按照图2-2-12进行设置。

2. 修改VTENABLE的系统变量值

在CAD命令中有个VTENABLE命令，它可启用平滑转换来切换显示区域，默认值为3，我们可以将其设为0，以此加快启动速度。

方法：在CAD命令行中输入"VTENABLE"，然后根据提示输入0，回车即可。

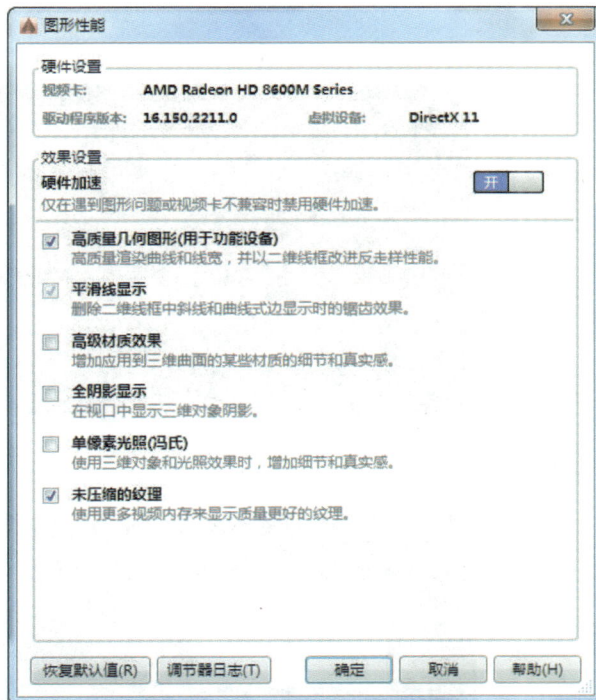

图2-2-12　图形性能对话框

三、AutoCAD2016实用新功能

1.云线（REVCLOUD）

AutoCAD2016增加了新的云线。用户可以在命令行输入"REVCLOUD"，或者在云线的下拉列表里选择，包括矩形（Rectangluar）、多边形（Polygonal）、徒手画（Freehand）三个选项。其中徒手画云线和以前版本相同，移动鼠标位置随手绘制云线。矩形和多边形云线为AutoCAD2016版本新增内容（图2-2-13）。

具体使用方法以矩形为例进行说明。

（1）绘制矩形云线。激活矩形云线命令，按住鼠标左键进行拖动，指定对角点完成绘制，如图2-2-14所示。单击左键选择该对象，会显示出 ■（正方形）和 ▬（长方形）两种形状的夹点，如图2-2-15所示，其中四个正方形夹点也被称为顶点，将鼠标放在四个顶点上，会出现三种编辑顶点命令，将鼠标放在长方形夹点上，会出现两种编辑顶点命令，如图2-2-16所示，用户可以根据绘图要求选择命令来随意地更改云线形状。另外，任意选择一个夹点指定新顶点时，按Ctrl键实现拉伸和添加顶点的循环切换，如图2-2-17所示。

图2-2-13　云线位置

图2-2-14　绘制矩形云线

图2-2-15　两种形状夹点

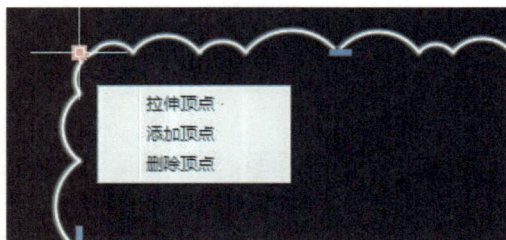

（a）正方形夹点编辑命令

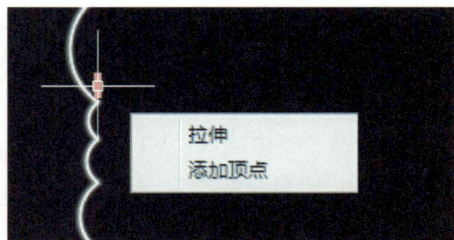

（b）长方形夹点编辑命令

图2-2-16　夹点编辑命令

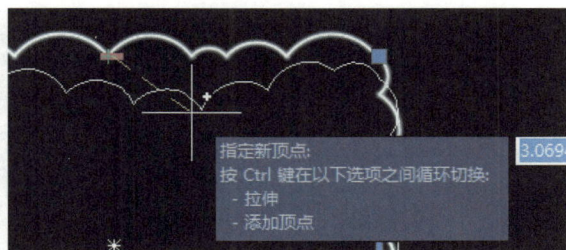

图2-2-17　指定新顶点

（2）将现有矩形转换成矩形云线。激活矩形云线命令，在绘图窗口空白处单击鼠标右键，选择"对象（O）"，如图2-2-18所示，光标会从"+"转变为拾取编辑对象光标"□"，如图2-2-19所示，将鼠标放在矩形任意一条边上单击鼠标左键，弹出"反转方向"对话框，如图2-2-20所示，根据需要进行选择，完成转换。

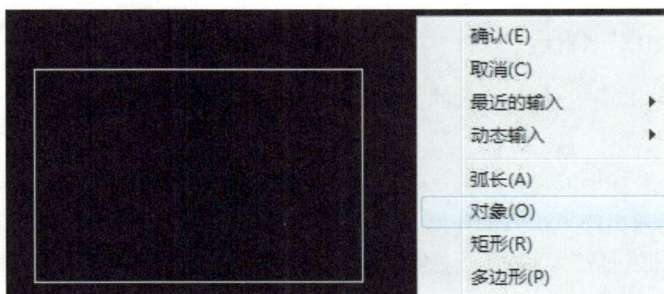

图2-2-18　选择"对象"

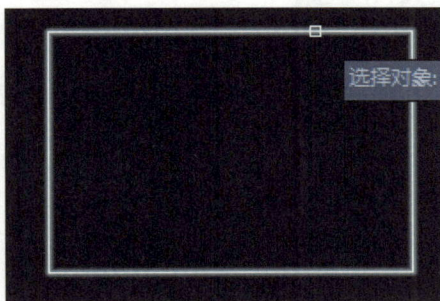

图2-2-19　选择矩形任意一条边

图2-2-20　"反转方向"对话框

（3）修改云线。激活矩形云线命令，在绘图窗口空白处单击鼠标右键，选择"修改（M）"，如图2-2-21所示，光标会从"+"转变为拾取编辑对象光标"□"，选择要修改的云线，根据命令行提示和用户构想进行修改云线形状，当图形闭合后，根据提示"拾取要删除的边"选择要删除的边，选择"反转方向"即可，如图2-2-22、图2-2-23所示。

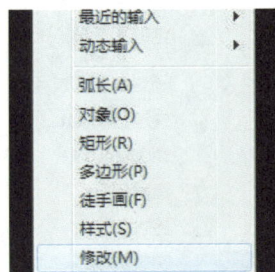

图2-2-21　选择"修改（M）"

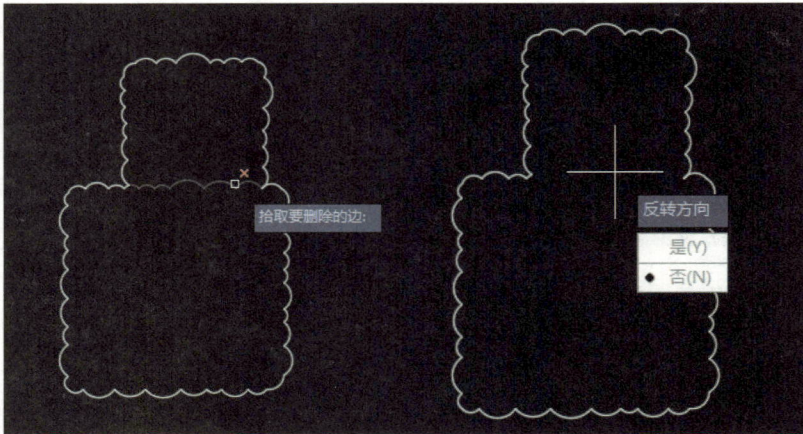

图2-2-22　修改云线

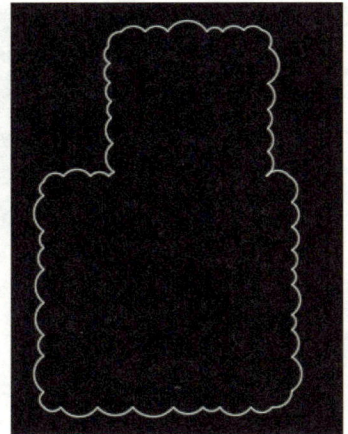

图2-2-23　完成后效果

2.多行文字对象"文字加框"特性

对于使用"多行文字（MT）"命令输入的文字，在AutoCAD2016里可以对多个"多行文字"同时进行"文字加框"。

首先使用鼠标左键点选要加框的"多行文字"，如图2-2-24所示，将鼠标放在任意一个被选中的"多行文字"上并单击鼠标右键，在弹出的下拉列表中选择"特性"，如图2-2-25所示，在弹出的特性选项板（图2-2-26）中选择"文字—文字加框—是"，完成"文字加框"，如图2-2-27所示。

图2-2-24　选中"多行文字"

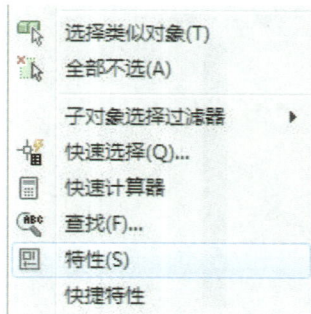

图2-2-25　单击右键选择"特性"

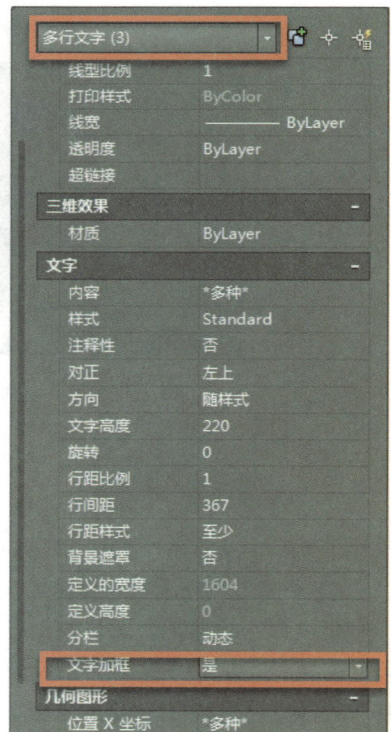

图2-2-26　特性选项板

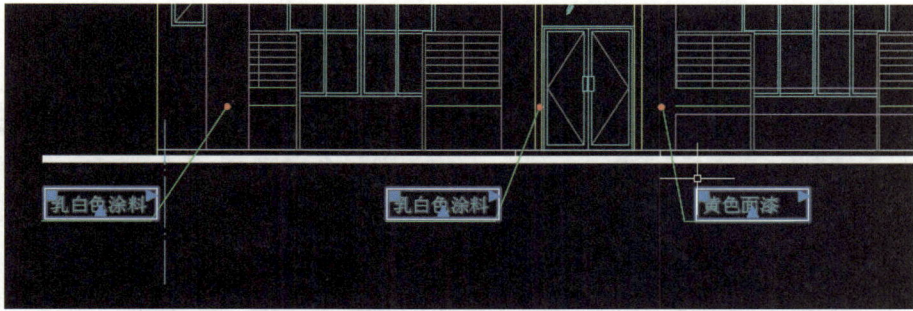

图2-2-27　完成"文字加框"

3.几何中心捕捉

使用绘图工具中的"多边形"或者"多线段"绘制的不规则几何体，AutoCAD2016在"对象捕捉"中新增了"几何中心"，如图2-2-28所示，可以捕捉到不规则几何体的绘图中心，如图2-2-29所示，使得绘图更加方便（注：使用绘图工具"直线"绘制的多边形捕捉不到"几何中心"）。

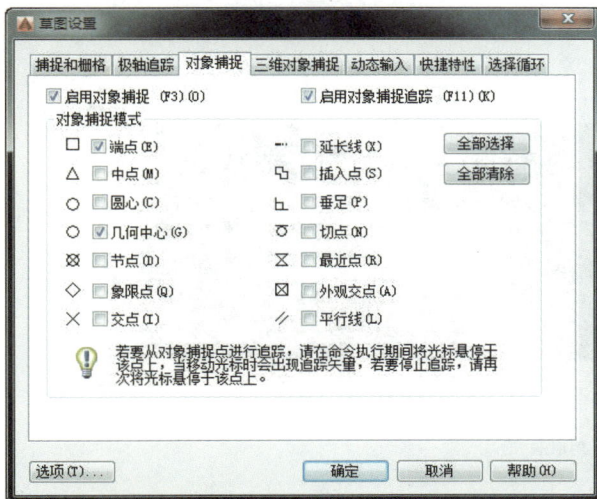

图2-2-28　"对象捕捉"对话框

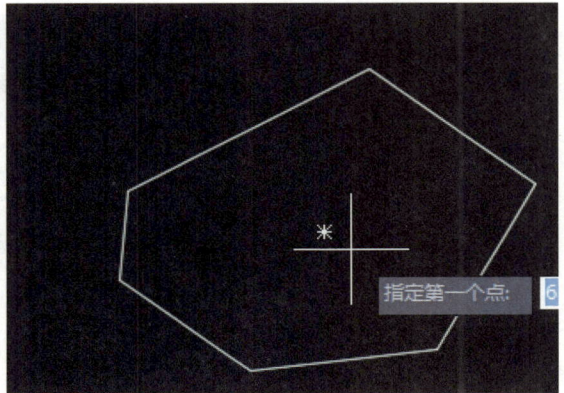

图2-2-29　捕捉"几何中心"

4.智能标注（DIM）

AutoCAD2016新增的智能标注（DIM）功能使用起来非常方便，能够根据选择对象类型自动创建标注，支持的标注类型包括垂直标注、水平标注、对齐标注、旋转的线性标注、角度标注、直径标注、半径标注、折弯半径标注、弧长标注、基线标注和连续标注，在退出命令之前，DIM命令可始终用于创建其他标注。

（1）线性、对齐标注。

在命令行中输入"dim"后单击回车键，将鼠标放在需要标注尺寸的对象上，在所选对象上显示"□"的同时，系统会自动根据所选对象显示线性标注或对齐标注，如图2-2-30所示，在对象上单击鼠标左键，移动鼠标确定标注位置后再单击鼠标左键完成当前尺寸标注。如还有其他尺寸需要标注，无须重新输入命令，继续创建其他标注即可。

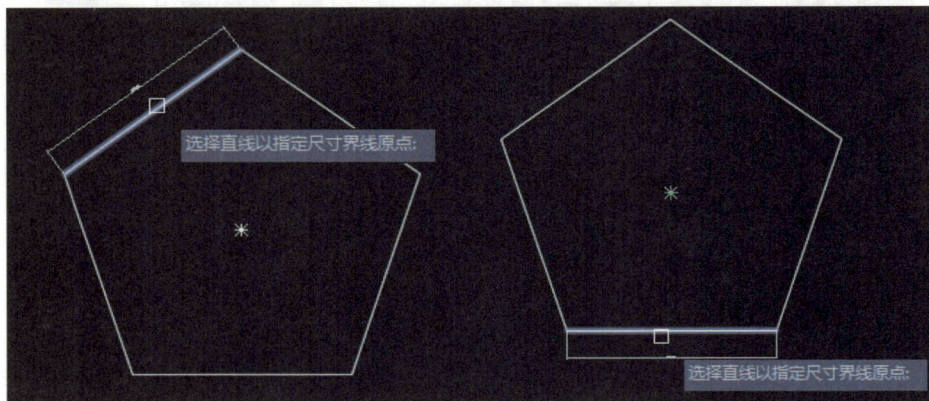

图2-2-30　线性标注和对齐标注

（2）角度标注。

在命令行中输入"dim"后单击回车键，将鼠标放在需要进行角度标注的第一条线上并单击鼠标左键[图2-2-31（a）]，再将鼠标放在需要进行角度标注的第二条线上并单击鼠标左键[图2-2-31（b）]，最后确定角度标注位置，完成当前角度标注。

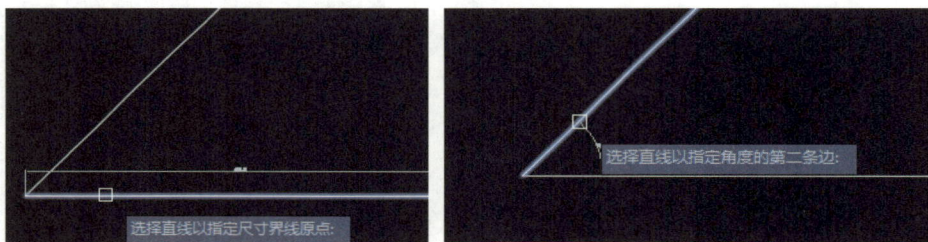

（a）选择第一条尺寸线

（b）选择第二条尺寸线

图2-2-31　角度标注

（3）直径、半径标注。

在命令行中输入"dim"后单击回车键，将鼠标放在圆周上任意位置，系统会自动识别圆周并显示圆的直径（图2-2-32），将鼠标放置在圆周上单击左键，指定直径标注位置完成直径标注。如果想进行半径标注，将鼠标放置在圆周上单击鼠标右键，在下拉列表中选择"半径"[图2-2-33（a）]，将鼠标再次放在圆周上，就会显示圆的半径[图2-2-33（b）]，将鼠标放置在圆周上单击左键并指定半径标注位置完成半径标注。

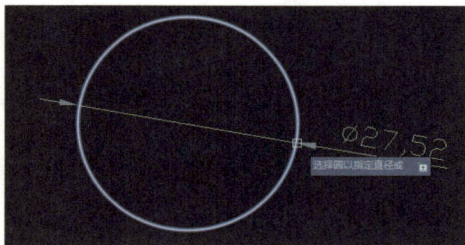

图2-2-32　直径标注

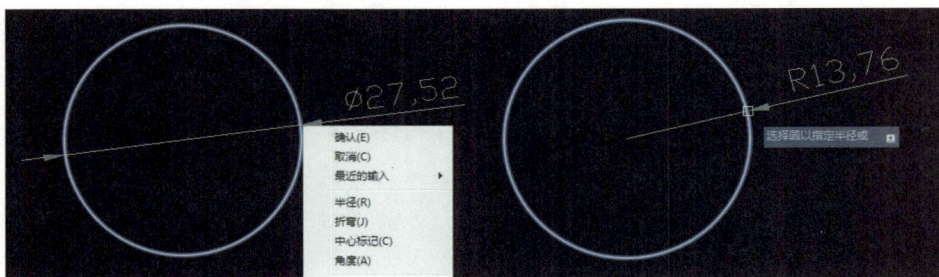

（a）右键选择"半径"　　　　　　　　　　（b）单击鼠标左键

图2-2-33　半径标注

5. PDF选项

AutoCAD2016打印对话框中添加了PDF选项。输出图纸支持创建书签和链接到外部网站和文件（图2-2-34）。

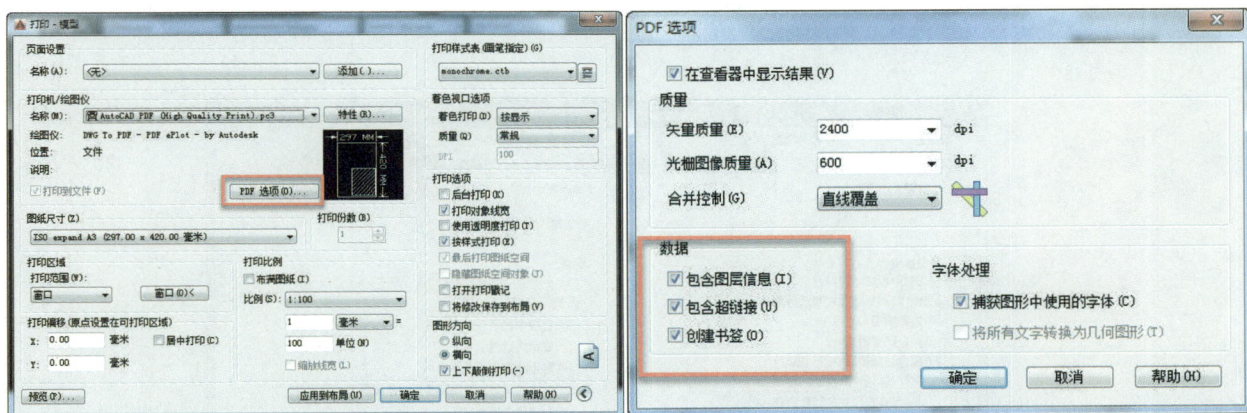

图2-2-34　打印—PDF选项

四、其他操作及设置

（1）自动匹配图形界限，双击鼠标滚轮最大化显示图形。

（2）修改标注尺寸。双击数字直接修改尺寸数字，单击空白处确认退出。

（3）亮显、蚂蚁线显示。关闭亮显方法：在命令行里输入"SELECTIONEFFECT"，默认值为1，将其更改为0，关闭亮显，启动蚂蚁线显示（图2-2-35、图2-2-36）。

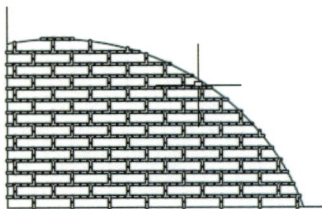

图2-2-35　蚂蚁线　　　　　　　　　图2-2-36　亮显

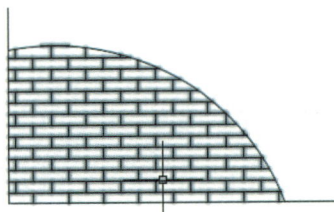

（4）框选、交叉选择、套索选框。单击鼠标向右拖动为框选，单击鼠标向左拖动为交叉选择，如图2-2-37（a）所示；按住鼠标不放并向左或向右拖动鼠标，将启用套索选框，如图2-2-37（b）所示。

（a）　　　　　　　　　　　　　　　　（b）

图2-2-37　选择方式

关闭套索选框方法：选择菜单栏下的"工具—选项—选择集"，在选择集模式下将"允许按住并拖动套索"前面的"√"去掉完成关闭，如图2-2-38所示。

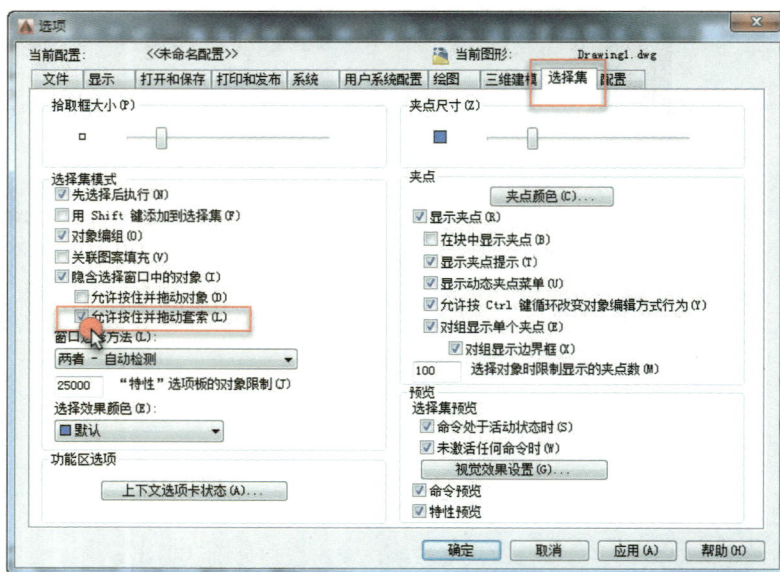

图2-2-38　关闭套索选框

实训篇

项目三　板式床头柜的绘制

床头柜是现代家庭生活中必不可少的家具。床头柜在设计过程中，既要保证美观，又要保证实用性和功能性。通过本案例的学习，大家既能熟悉床头柜的基本尺寸及设计要求，又能进一步掌握家具设计中三视图的绘制技巧。

任务一　床头柜案例分析与AutoCAD绘图环境设置

知识目标：掌握绘制床头柜时绘图环境的设置方法和命令。

能力目标：能建立新图层，熟练应用CAD命令绘制床头柜方案。

一、案例分析

本案例是根据卧室现场（图3-1-1）的布局，尤其是相邻的床的高度完成一款床头柜的设计。在设计中主要利用直线（L）、矩形（REC）、复制（CO）、修剪（TR）、镜像（MI）、延伸（EX）、分解（X）等命令。

产品材料：柜体采用三聚氰胺双饰面刨花板，厚度为18mm（图3-1-2）。

图3-1-1　卧室内床与床头柜

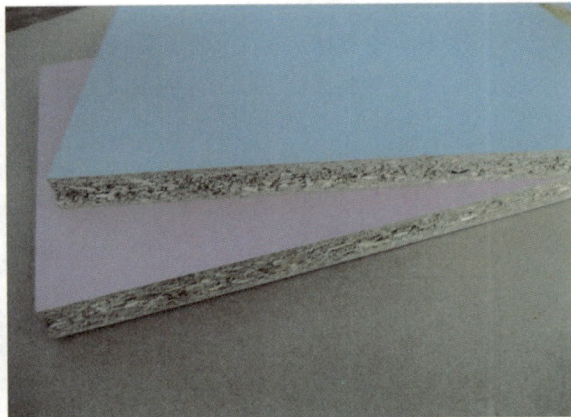

图3-1-2　三聚氰胺双饰面刨花板

二、设置绘图环境

（1）新建文档：打开AutoCAD2016，新建一个文档。

（2）设置图形单位：单击菜单"格式—单位"（或者输入UN命令），打开"图形单位"对话框，将单位设置为"mm"后，点击"确定"按钮结束。

（3）创建图层：点击工具栏的"图层特性"（或者输入LA命令），创建图层，如图3-1-3所示。

① 轮廓线图层：颜色为黑色，线型为实体线，线宽默认。

② 虚线图层：颜色为黑色，线型为虚线，线宽默认。

③ 轴测图图层：颜色为红色，线型为实体线，线宽默认。

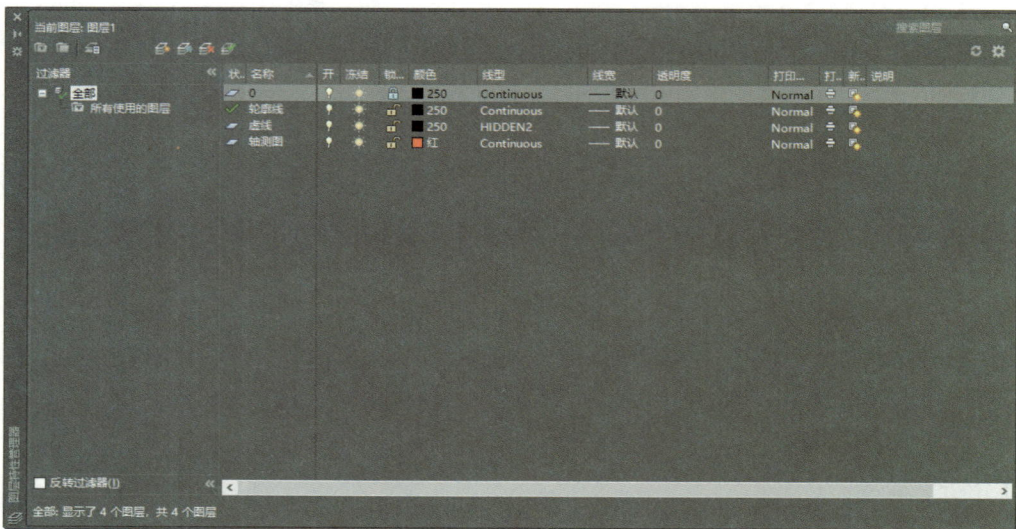

图3-1-3　图层特性管理

任务二　床头柜主视图的绘制

知识目标：掌握床头柜主视图的画法。

能力目标：能根据实际情况，完成床头柜的主视图。

床头柜的主视图是床头柜绘制的基础。在绘制主视图时，可将其分为两个步骤。

一、确定床头柜的尺寸

图3-2-1　床头柜的整体尺寸

床头柜的尺寸通常是由与其相邻的床来决定。要保证卧室的整体效果，就要使得床头柜的高度应当与卧室中床的高度一致，为400～600mm。深度方向为350～450mm。宽度方向的尺寸约为400mm，保证使用者在使用时能较为方便地放置或拿取物品。

本次绘制的床头柜的尺寸可以规定为：高度500mm，深度方向400mm，宽度方向400mm。首先，绘制床头柜的外形尺寸：在命令行输出"REC"，按空格确认，在空白处点击一点，之后输入"D"来利用尺寸绘制。指定矩形的长为400，按空格确定，指定矩形的宽为500，按空格确定。之后用鼠标在空白处点击，得到一个长为400，宽为500的矩形（图3-2-1）。

二、床头柜的内部细节

完成床头柜的外形尺寸后，要绘制其中的细节。

1.外部框架的板材绘制

命令行里输入"X"，按空格确认，框选矩形，空格确认，将矩形分解。

输入"O"，按空格确认，输入偏移量18，选择矩形上侧和两侧的直线，空格确认，将顶板和侧板绘制出来。

输入"O"，按空格确认，输入偏移量70，选择矩形下侧的直线，空格确认，将踢脚板绘制出来。

输入"O"，按空格确认，输入偏移量18，空格确认，选择踢脚板的上侧直线，将底板绘制出来。

输入"TR"，按两次空格确认，将多余的线删除，绘制出床头柜的外部框架，如图3-2-2所示。

2.床头柜抽屉的绘制

床头柜内部有两个抽屉。先绘制抽屉面的分界线。

在命令行输入"O"，按空格确定，输入"197"，将顶板的下侧直线向下偏移。

输入"TR"，按两次空格确定，将直线与两侧侧板相交的部分裁剪。

选择虚线图层。开始进行抽屉内部的绘制。

输入"O"，按空格确定，输入偏移量13，将侧板内侧线向内偏移。

输入"O"，按空格确定，输入偏移量18，将上一步所得直线向内偏移。

输入"O"，按空格确定，输入偏移量27，将顶板内侧线向下偏移。

输入"O"，按空格确定，输入偏移量10，将两个抽屉面板分界线向上偏移。

输入"TR"，按两次空格确认，将除了围成的矩形之外的线删除。所得矩形代表抽屉的侧板。

输入"MI"，按空格确定，框选上一步形成的矩形，通过床头柜的顶板与底板的中点将其镜像。

输入"L"，按空格确定，连接两个矩形。绘制效果如图3-2-3所示。

图3-2-2 床头柜的框架绘制　　　　图3-2-3 抽屉的绘制1

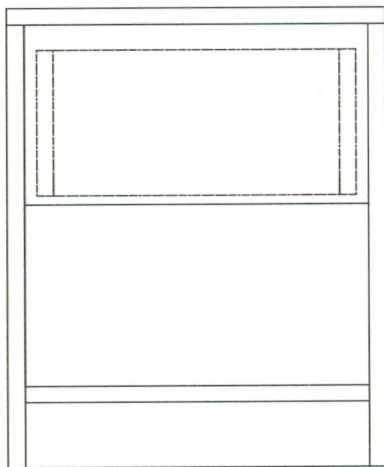

输入"O",按空格确定,输入偏移量18,将连接两侧矩形的下侧直线向内偏移。

输入"O",按空格确定,输入偏移量5,将所得直线向上偏移。

输入"O",按空格确定,输入偏移量5,将表示侧板的矩形内侧直线向外偏移,形成抽屉底板的边界线。

输入"EX",按空格确定,以上一步偏移的直线为边界,将表示抽屉底板的直线延伸。

输入"TR",按两次空格确认,将除了围成的矩形之外的线删除。所得矩形代表抽屉的底板。绘制效果如图3-2-4所示。

输入"CO",按空格确认,将图层2的所有部分选择,按空格确认,选择第一点为床头柜侧板与顶板的内侧连接点,第二点为抽屉面与侧板的连接点,将其细节复制到下侧部分,完成对床头柜主视图的绘制。绘制效果如图3-2-5所示。

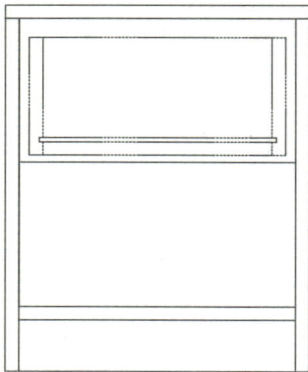

图3-2-4 抽屉的绘制2　　　　　　　图3-2-5 抽屉的绘制3

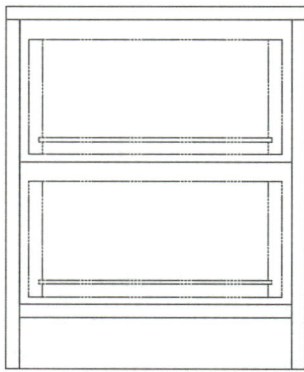

任务三　床头柜左视图的绘制

知识目标:掌握床头柜左视图的画法。

能力目标:能根据实际情况,完成床头柜的左视图。

床头柜的左视图是床头柜三视图的重要组成部分。在绘制左视图时,可将其分为两个步骤。

一、确定床头柜的尺寸

选择"轮廓线"图层。

输入"L",按空格确定,在主视图的右侧绘制一条垂直的直线。保证主视图是在直线的端点之内,距离主视图700~800mm的距离。

输入"EX",按空格确定,以上一步所作的直线为边界,将主视图的最上和最下侧直线延伸。

输入"O",按空格确定,输入偏移量400,将垂直的直线向左侧偏移。所形成的矩形就是床头柜的侧板轮廓。

输入"TR",按两次空格确认,将除了围成的矩形之外的线删除。绘制效果如图3-3-1所示。

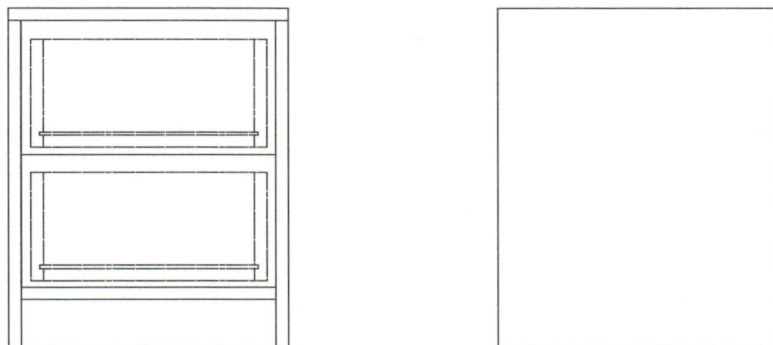

图3-3-1　左视图侧板的绘制

二、床头柜的内部细节

1.外部框架的板材绘制

输入"O"，按空格确认，输入偏移量18，选择矩形的上侧，空格确认，将顶板绘制出来。

选择虚线图层。

输入"O"，按空格确认，输入偏移量18，选择矩形的左侧，空格确认，将背板绘制出来。

输入"O"，按空格确认，输入偏移量70，选择矩形的下侧的直线，空格确认，将底板下沿绘制出来。

输入"O"，按空格确认，输入偏移量18，空格确认，选择上一步所作的直线，将底板上沿绘制出来。

输入"O"，按空格确认，输入偏移量18，空格确认，选择矩形右侧直线，将踢脚板的后沿绘制出来。

输入"TR"，按两次空格确认，将除了围成的矩形之外的线删除。绘制效果如图3-3-2所示。

2.床头柜抽屉的绘制

床头柜内部有两个抽屉。先绘制抽屉面的分界线。

在命令行输入"O"，按空格确定，输入"197"，将顶板的下侧直线向下偏移。

输入"O"，按空格确认，输入偏移量18，选择矩形的右侧，空格确认，将抽屉面绘制出来。

输入"TR"，按两次空格确定，将直线与背板相交及内部空间的部分裁剪。绘制效果如图3-3-3所示。

图3-3-2　左视图内部细节的绘制　　　　图3-3-3　左视图抽屉面的绘制

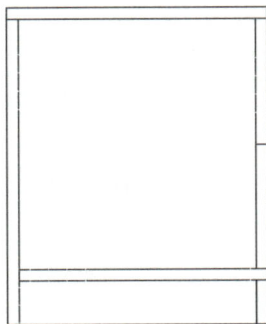

在命令行输入"O"，按空格确定，输入"27"，将顶板的下侧直线向下偏移。

输入"O"，按空格确认，输入偏移量160，上一步所得直线向下偏移，空格确认。

输入"O"，按空格确认，输入偏移量350，选择抽屉面的内部直线，空格确认。

输入"TR"，按两次空格确定，将围成的矩形之外的线删除。绘制效果如图3-3-4所示。

在命令行输入"O"，按空格确定，输入"18"，将抽屉侧的左侧直线向右偏移。所得矩形为抽屉堵。

在命令行输入"O"，按空格确定，输入"18"，将抽屉侧的下侧直线向上偏移。

在命令行输入"O"，按空格确定，输入"5"，将上一步所得直线向上偏移。

在命令行输入"O"，按空格确定，输入"5"，将抽屉堵的内侧直线向外偏移。

在命令行输入"O"，按空格确定，输入"5"，将抽屉面的内侧直线向外偏移。所形成的空间为抽屉底板的边界。

输入"EX"，按空格确认，将抽屉底板的两条直线延伸至抽屉面内部。

输入"TR"，按两次空格确定，将围成的矩形之外的线删除。绘制效果如图3-3-5所示。

输入"CO"，按空格确认，选择除抽屉面之外的所有抽屉部分，按空格确认，选择第一点为床头柜顶板与抽屉面的内侧连接点，第二点为抽屉面与侧板的连接点，将其细节复制到下侧部分，完成对床头柜左视图的绘制。绘制效果如图3-3-6所示。

图3-3-4　床头柜左视图抽屉侧的绘制　　　图3-3-5　床头柜左视图抽屉的绘制　　　图3-3-6　床头柜左视图的绘制

任务四　床头柜俯视图的绘制

知识目标：掌握床头柜俯视图的画法。

能力目标：能根据实际情况，完成床头柜的俯视图。

床头柜的俯视图是床头柜三视图的重要组成部分。在绘制俯视图时，可将其分为两个步骤。

一、确定床头柜的尺寸

选择"轮廓线"图层。

输入"L"，按空格确定，在主视图的下侧绘制一条水平的直线。保证主视图是在直线的端点之内，距离主视图700～800mm的距离。

　　输入"EX"，按空格确定，以上一步所作的直线为边界，将主视图的最左和最右侧直线延伸。

　　输入"O"，按空格确定，输入偏移量400，将水平的直线向上侧偏移。所形成的矩形就是床头柜的顶板轮廓。

　　输入"TR"，按两次空格确认，将除了围成的矩形之外的线删除，形成床头柜的顶板，如图3-4-1所示。

二、床头柜的内部细节

1.外部框架的板材绘制

　　选择虚线图层。

　　输入"O"，按空格确认，输入偏移量18，选择矩形的左侧、右侧、上侧，空格确认，将侧板、背板边界绘制出来。

　　输入"TR"，按两次空格确定，将所得直线相交部分删除。绘制效果如图3-4-2所示。

2.床头柜抽屉的绘制

　　在命令行输入"O"，按空格确定，输入"18"，将顶板的下侧直线向上偏移。

　　输入"TR"，按两次空格确定，将所得直线与侧板相交部分删除。所得矩形为抽屉面。

　　输入"O"，按空格确认，输入偏移量13，选择侧板内侧直线，空格确认，向内偏移，将抽屉面的边界绘制出来。

　　输入"O"，按空格确认，输入偏移量18，选择上一步所作直线，空格确认，向内偏移，将抽屉面的另一侧边界绘制出来。

　　输入"O"，按空格确认，输入偏移量350，选择抽屉面内侧直线，空格确认，向内偏移，将抽屉堵的外侧边界绘制出来。

　　输入"O"，按空格确认，输入偏移量18，选择上一步所作直线，空格确认，向内偏移，将抽屉堵的另一侧边界绘制出来。

　　输入"TR"，按两次空格确定，除两个矩形外的多余部分删除。绘制效果如图3-4-3所示。

图3-4-1　床头柜俯视图顶板的绘制

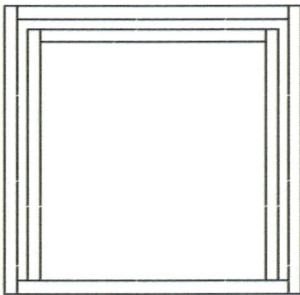

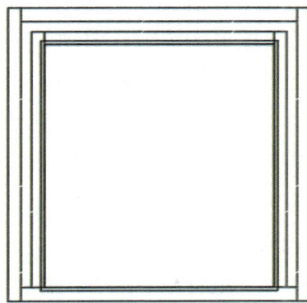

图3-4-2　床头柜俯视图框架的绘制　　图3-4-3　床头柜俯视图抽屉的绘制　　图3-4-4　床头柜俯视图

在命令行输入"REC"，按空格确认，选择抽屉左侧与抽屉堵内侧交点，之后鼠标点击抽屉面与抽屉右侧内侧交点绘制矩形。

输入"O"，按空格确认，输入偏移量5，选择上一步所得矩形，空格确认，向外偏移，将抽屉底板绘制出来，完成俯视图的绘制。绘制效果如图3-4-4所示。

任务五　床头柜的尺寸标注

绘制完床头柜的三视图后，要在图纸上标注床头柜的外形整体尺寸及板材的尺寸。进行标注后将标注的位置进行调整，保证标注的尺寸清晰、合理、整洁，如图3-5-1所示。

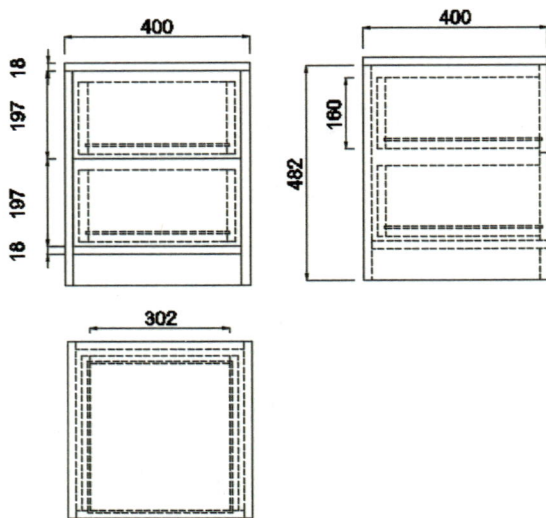

图3-5-1　床头柜尺寸标注

任务六　床头柜轴测图的绘制

相对于三视图，家具的轴测图能够更为直观地显示家具的外观形态。因此，在对家具进行绘制时，插入轴测图来表达更为清晰、明确的家具形象。

选择图层：轴测图。输入"CO"，选择床头柜的主视图，按空格确认，复制到空白部分。

由于轴测图仅仅表示家具外观，因此抽屉内部结构不用表达出来，鼠标选择抽屉面内的虚线部分，删除。

输入"REC"，按空格确认，将床头柜的各个板材利用矩形命令重新勾勒出来，如图3-6-1所示。

输入"V"，按空格确认，在弹出的对话框内双击"预设视图"下的"西南等轴测"，鼠标点击确定，如图3-6-2所示。

输入"ROTATE3D"，按空格确认，选择上一步所作的床头柜主视图，按空格确定，选择第一点为床头柜左侧板下侧的外沿点，选择第二点为床头柜右侧板下侧外沿点。输入旋转角度：270°，绘制效果如图3-6-3所示。

图3-6-1　床头柜轴测图绘制1

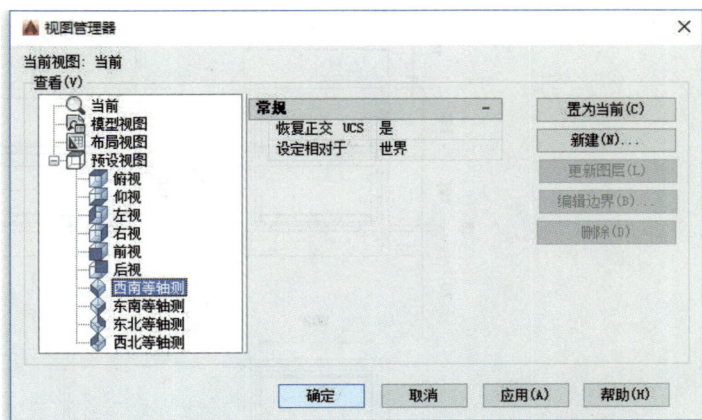

图3-6-2　床头柜轴测图绘制2

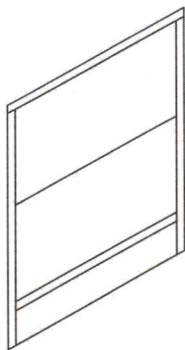

图3-6-3　床头柜轴测图绘制3

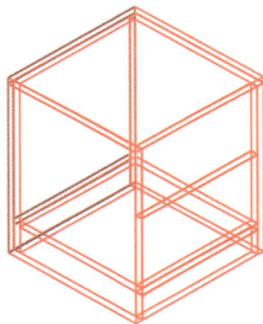

图3-6-4　床头柜轴测图绘制4

输入"EXT"，空格确认，选择床头柜的顶板、两个侧板，按空格确认，输入拉伸长度：400。

输入"EXT"，空格确认，选择床头柜的背板、踢脚板、两个面板，按空格确认，输入拉伸长度：18。

输入"EXT"，空格确认，选择床头柜的底板，按空格确认，输入拉伸长度：382。

输入"M"，将所有的板材移动到其真实的位置，绘制效果如图3-6-4所示。

输入"UCS"，按空格确认，输入"V"，按空格确认，将所绘制的轴测图全选，按住键盘上的"Ctrl"键不放，按住键盘上的"C"，对其进行复制。

输入"V"，按空格确认，在弹出的对话框内双击"预设视图"下的"俯视图"，鼠标点击确定，按住键盘上的"Ctrl"键不放，按住键盘上的"V"，对其进行粘贴。

输入"M"，按空格确定，选择上一步所得图形，移动到合适位置，完成床头柜轴测图的绘制，绘制效果如图3-6-5所示。

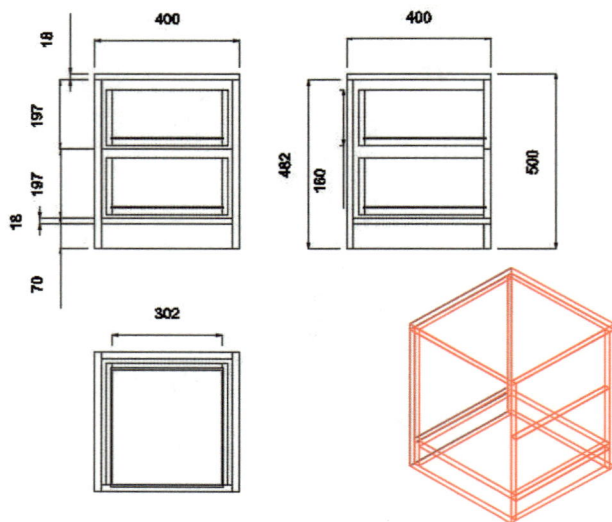

图3-6-5　床头柜轴测图绘制5

实训练习

完成下图中床头柜的三视图与轴测图绘制并进行标注。

宽度450mm；深度400mm；高度450mm。

项目四　板式衣柜的绘制

任务一　衣柜案例分析与AutoCAD绘图环境设置

知识目标：掌握绘制衣柜时绘图环境的设置方法和命令。

能力目标：能建立新图层，熟练应用CAD命令绘制衣柜方案。

一、案例分析

本案例是根据卧室现场（图4-1-1）的布局，尤其是摆放衣柜的墙体来完成一款衣柜的设计。在设计中主要利用直线（L）、矩形（REC）、复制（CO）、修剪（TR）、镜像（MI）、延伸（EX）、分解（X）等命令。

产品材料：柜体采用三聚氰胺双饰面刨花板，厚度为18mm（图4-1-2）。

图4-1-1　卧室内衣柜

图4-1-2　三聚氰胺双饰面刨花板

二、设置绘图环境

（1）新建文档：打开中文AutoCAD2016，新建一个文档。

（2）设置图形单位：单击菜单"格式—单位"（或者输入"UN"命令），打开"图形单位"对话框，将单位设置为"mm"后，点击"确定"按钮结束。

（3）创建图层：点击工具栏的"图层特性"（或者输入"LA"命令），创建图层，如图4-1-3所示。

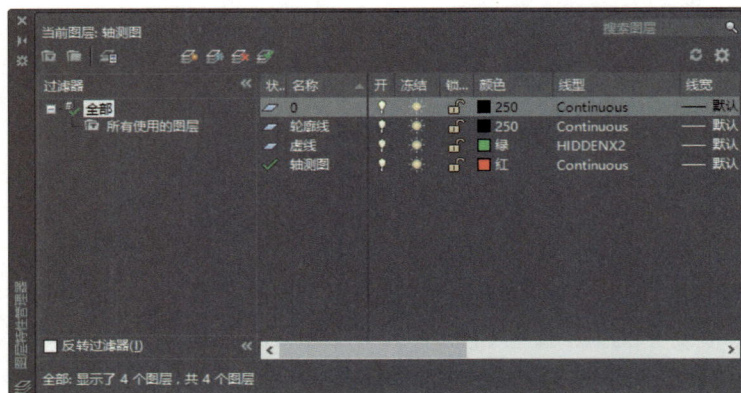

图4-1-3　图层特性管理

① 轮廓线图层：颜色为黑色，线型为实体线，线宽默认。
② 虚线图层：颜色为绿色，线型为虚线，线宽默认。
③ 轴测图图层：颜色为红色，线型为实体线，线宽默认。

任务二　衣柜主视图的绘制

知识目标：掌握衣柜主视图的画法。

能力目标：能根据实际情况，完成衣柜的主视图。

衣柜的主视图是衣柜绘制的基础。在绘制主视图时，可将其分为两个步骤。

一、确定衣柜的尺寸

将图层切换到"轮廓线"图层。在命令行里输入"REC"，按空格确定，在空白处点击一点，之后输入"D"来利用尺寸绘制。指定矩形的长为1800，按空格确定。指定矩形的宽为2200，按空格确定。之后用鼠标在空白处点击，得到一个长为1800，宽为2200的矩形。这就是衣柜的外部尺寸。

二、衣柜的内部细节

完成衣柜的外形尺寸后，要绘制其中的细节。

1.外部框架的板材绘制

命令行里输入"X"，按空格确认，框选矩形，空格确认，将矩形分解。

输入"O"，按空格确认，输入偏移量18，选择矩形上侧和两侧的直线，空格确认，将顶板和侧板绘制出来。

输入"O"，按空格确认，输入偏移量80，选择矩形下侧的直线，空格确认，将踢脚板绘制出来。

输入"O"，按空格确认，输入偏移量18，空格确认，选择踢脚板的上侧直线，将底板绘制出来。

输入"TR"，按两次空格确认，将多余的线删除，保证侧板的主体轮廓完整，绘制出衣柜的外部框架。绘制效果如图4-2-1所示。

2.衣柜的内部分区处理

衣柜大致分为上下两个区域。

上半部分为储物区。在命令行输入"O"，按空格确定，输入"400"，将顶板的上沿向下偏移，再按空格重复使用偏移命令，输入"18"，向下偏移，得到上柜的底板。

输入"O"，按空格确定，输入"18"，将上柜底板向下偏移，得到下柜顶板。

输入"TR"，按两次空格，将侧板内的线条删除，得到上下两个柜体的轮廓。绘制效果如图4-2-2所示。

在命令行输入"L"，按空格确认，将鼠标放置到上柜顶板下沿，当下沿直线上出现"△"时点击鼠标，将直线一直绘制到踢脚板下沿的中点。

输入"O"，按空格确定，输入"9"，将上一步得到的直线分别向两侧偏移。

输入"TR"，按两次空格确定，将交叉的线条及中点之间的直线删除，将衣柜的中立绘制出来。绘制效果如图4-2-3所示。

在命令行输入"O"，按空格确认，输入"450"，将两侧侧板的外沿直线向内偏移，形成中间分区的中点。

按空格执行上次命令（偏移），输入"9"，将上一步所得两条直线分别向其两侧偏移，然后将其删除。

输入"TR"，按两次空格确定，将这两条线与其余板材交叉部分删除，得到衣柜内部的分区。绘制效果如图4-2-4所示。

图4-2-1　衣柜的外部框架　　　图4-2-2　衣柜的上下分区　　　图4-2-3　衣柜中立的绘制　　　图4-2-4　衣柜分区的绘制

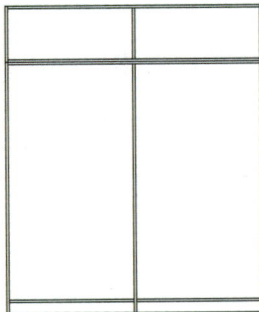

接下来绘制衣柜的长衣区与短衣区。长衣区所需空间的高度至少要达到1350mm，而悬挂长衣的衣架也需要40～60mm的高度，因此长衣区的高度定义为1400mm。

在命令行里输入"O"，按空格确定，输入"1400"，将下柜顶板的底沿向下偏移，得到长衣区的空间。按空格，重复上个命令（偏移），输入偏移量18，将所得直线向下偏移，得到长衣区的下沿隔板。

输入"TR"，按两次空格确定，将这两条线与其余板材交叉部分删除，得到衣柜内部长衣的分区。

短衣区所需空间为850mm，而悬挂短衣的衣架也需要40～60mm的高度，因此长衣区的高度定义为：900mm。

在命令行里输入"O"，按空格确定，输入"900"，将下柜顶板的底沿向下偏移，得到短衣区的空间。按空格，重复上个命令（偏移），输入偏移量18，将所得直线向下偏移，得到短衣区的下沿隔板。

输入"TR"，按两次空格确定，将这两条线与其余板材交叉部分删除，得到衣柜内部短衣的分区。绘制效果如图4-2-5所示。

长衣区与短衣区相隔，为了尽可能地利用空间，同时节约材料，可将长衣区与短衣区之间的小中立去掉，两个区域共用一个衣架。同时，可以在边缘做一个突起，用来放置物品。

在命令行里输入"O"，按空格确定，输入"50"，将短衣区隔板的上沿直线向上偏移。输入"TR"，按两次空格确定，将两个中立之间的直线以及中立之间的直线删除，如图4-2-6所示。

在命令行输入"O"，按空格确定，输入"340"，将下柜顶板的底沿向下偏移，输入"TR"，选择左侧侧板的内侧直线及右侧分区空间的左侧侧板内侧直线，按空格确定，选择上一步所得直线，进行剪切。

在命令行输入"O"，按空格确定，输入"340"，按空格确定，将上一步所得直线向下偏移。

以此类推，将下柜最右侧空间分为5个部分。

在命令行输入"O"，按空格确定，输入"9"，将上一步所得四条直线分别向上下两侧偏移，再将这四条直线删除，得到下柜最右侧的隔板。绘制效果如图4-2-7所示。

在命令行输入"MI"，按空格确定，选择左侧短衣区隔板，按空格确定，鼠标放置到上柜顶板下沿，当下沿直线上出现"△"时点击鼠标，将直线一直绘制到踢脚板下沿的中点，按空格确定。绘制效果如图4-2-8所示。

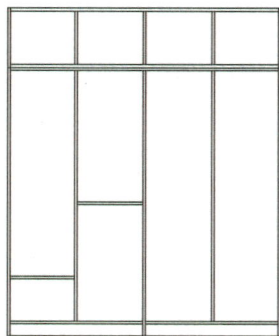

图4-2-5　衣柜长衣区与
短衣区的绘制1

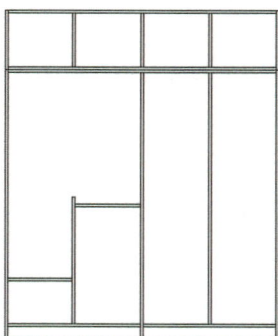

图4-2-6　衣柜长衣区与
短衣区的绘制2

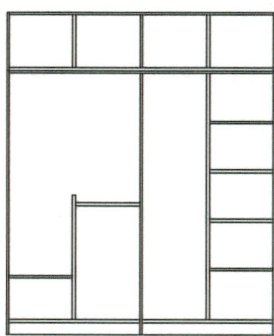

图4-2-7　衣柜储物区绘制1

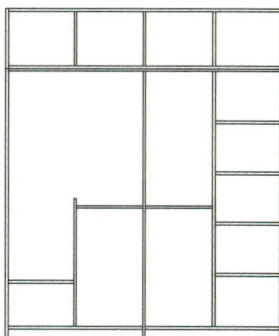

图4-2-8　衣柜储物区绘制2

任务三　衣柜左视图的绘制

知识目标：掌握衣柜左视图的画法。

能力目标：能根据实际情况，完成衣柜的左视图。

衣柜的左视图是衣柜三视图的重要组成部分。在绘制左视图时，可将其分为四个步骤。

一、确定衣柜的尺寸

选择"轮廓线"图层。

输入"L"，按空格确定，在主视图的右侧绘制一条垂直的直线。保证主视图是在直线的端点之内，距离主视图1000～1200mm的距离。

输入"EX"，按空格确定，以上一步所作的直线为边界，将主视图的最上和最下侧直线延伸。

输入"O"，按空格确定，输入偏移量600，将垂直的直线向左侧偏移，所形成的矩形就是衣柜的侧板轮廓。

输入"TR"，按两次空格确认，将除了围成的矩形之外的线删除。绘制效果如图4-3-1所示。

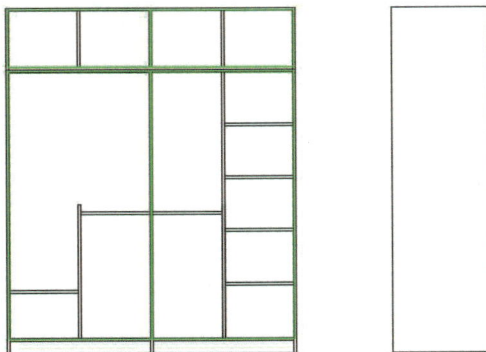

图4-3-1　衣柜左视图外部框架

二、衣柜的外部框架

将图层切换到"虚线"图层。输入"O"，按空格确认，输入偏移量18，选择矩形的上侧直线，空格确认，将上柜顶板绘制出来。

将图层切换到"轮廓线"图层。输入"O"，按空格确定，输入偏移量400，选择矩形的上侧直线，空格确定。将图层切换到"虚线"图层。再按空格重复上个命令，输入偏移量18，选择上一步所作直线，向上侧偏移，将上柜的底板绘制出来。再按空格重复上个命令，输入偏移量18，选择上柜下侧直线，向下侧偏移，将下柜的顶板绘制出来。

　　输入"O"，按空格确定，输入偏移量80，选择矩形下侧直线，向上偏移，得到下柜底板下侧直线（踢脚板上侧），按空格重复上个命令，输入偏移量18，选择上一步所得直线，向上偏移，得到下柜底板的上侧直线，如图4-3-2所示。

　　输入"O"，按空格确定，输入偏移量18，按空格确定，将矩形两侧直线向内偏移。

　　输入"TR"，按空格确定，选择下柜底板的底沿直线和上柜顶板的上沿直线，按空格确定剪切的边界，再选择上一步所作的两条直线进行剪切，绘制所得为衣柜的前后踢脚板。

| 图4-3-2　衣柜左视图框架的绘制 | 图4-3-3　衣柜左视图隔板的绘制 | 图4-3-4　衣柜左视图背板的绘制 |

三、衣柜的内部细节

　　输入"O"，按空格确定，选择左视图最下侧直线，输入"364"，点击直线上方一点进行偏移，得到衣柜下柜左侧隔板底沿直线。按空格重复上一个命令，输入"422"，点击直线上方一点进行偏移，得到衣柜下柜右侧最下隔板底沿直线。

　　依此类推，分别将衣柜下柜底沿直线向上偏移762、864、1102、1442的距离，得到各个隔板的底沿直线。

　　输入"O"，按空格确定，选择上一步所得各个直线，输入偏移量18，点击上方任意一点，得到各个隔板的上沿直线。

　　输入"O"，按空格确定，选择左视图衣柜最下侧直线，输入偏移量932，点击上方任意一点，将下柜左侧小中立绘制出来。绘制效果如图4-3-3所示。

四、衣柜的背板绘制

　　将图层切换到"虚线"图层。背板的连接方式为在与其相连的四块板材上开槽内嵌，开槽位置矩形板材边缘18mm，深度为5mm，因此输入"O"，按空格确定，输入偏移量18，按空格确定，选择左视图最左侧直线，点击直线右侧空白处任意一点。

　　按空格重复上一步命令，输入偏移量5，选择上一步所作直线，点击右侧空白处任意一点。将背板的边界绘制出来。

　　按空格重复上一步命令，输入偏移量13，选择衣柜顶板上沿直线，向下偏移，按空格重复上一步命令，输入偏移量13，选择衣柜上柜底板下沿直线，向上偏移。

按空格重复上一步命令，输入偏移量13，选择衣柜下柜顶板上沿直线，向下偏移，按空格重复上一步命令，输入偏移量13，选择衣柜下柜底板下沿直线，向上偏移。

所围成的两个矩形为衣柜背板，输入"TR"，按两次空格确定，将除这两个矩形之外的直线删除。同时，将隔板与背板交界及沿出来的部分删除，如图4-3-4所示。

任务四　衣柜俯视图的绘制

知识目标：掌握衣柜俯视图的画法。

能力目标：能根据实际情况，完成衣柜的俯视图。

衣柜的俯视图是衣柜三视图的重要组成部分。在绘制俯视图时，可将其分为两个步骤。

一、确定衣柜的尺寸

选择"轮廓线"图层。

输入"L"，按空格确定，在主视图的下侧绘制一条水平的直线。保证主视图是在直线的端点之内，距离主视图1000～1200mm的距离。

输入"EX"，按空格确定，以上一步所作的直线为边界，将主视图的最左和最右侧直线延伸。

输入"O"，按空格确定，输入偏移量400，将水平的直线向上侧偏移，所形成的矩形就是衣柜的顶板轮廓。

输入"TR"，按两次空格确认，将除了围成的矩形之外的线删除，形成衣柜的顶板，如图4-4-1所示。

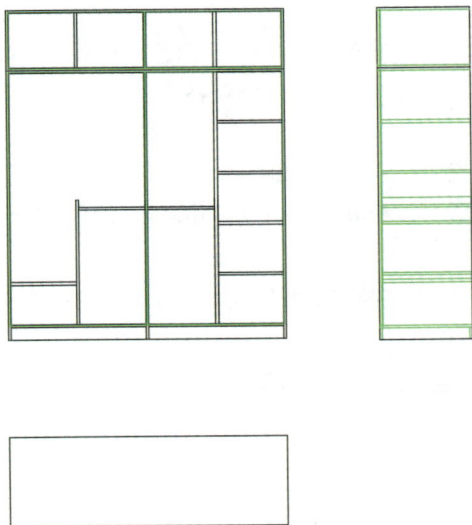

图4-4-1　衣柜俯视图外形尺寸绘制

二、衣柜的内部细节

选择"虚线"图层。在命令行里输入"O",按空格确定,输入偏移量18,选择矩形的左侧直线,点击右侧空白处任意一点,将左侧侧板绘制出来。按空格重复上一步命令,按空格确定,输入偏移量18,选择矩形的右侧直线,点击左侧空白处任意一点,将右侧侧板绘制出来。

在命令行里输入"O",按空格确定,输入偏移量900,选择矩形最右侧直线,在左侧空白处点击。按空格重复上一步命令,输入偏移量9,将所得直线分别向两侧偏移,后将上一步所得直线删除。

在命令行里输入"O",按空格确定,输入偏移量18,选择矩形的下侧直线,点击上侧空白处任意一点,得到衣柜的中立位置。在命令行输入"TR",点击两次空格确定,将上一步所得直线与前两步所得直线之间的交叉位置删除,得到衣柜的前踢脚板。

在命令行输入"MI",按空格确定,选择上一步踢脚板的内侧直线,选择镜像的第一点为左侧板中点,另一点为右侧板中点,输入"N",不删除源对象,将后踢脚板绘制出来,如图4-4-2所示。

在命令行里输入"O",按空格确定,输入偏移量5,将两个后侧踢脚板内侧的直线选中,点击下侧空白处一点,绘制背板的边界。在命令行里输入"O",按空格确定,输入偏移量5,选择衣柜两侧侧板的内侧直线,分别向外偏移。按空格重复上一步命令,按空格重复上一步的偏移量5,选择中立的两条边界线,分别向中立的内侧偏移。在命令行里输入"EX",选择左侧侧板内部的直线及中立内部左侧的直线,以两条线为边界,分别将踢脚板的直线与背板的边界线延长。以此类推,将右侧的线条也延伸出去。形成的两个矩形则为衣柜的背板。输入"TR",按两次空格确定,将除两个矩形外的其余所作直线删除。绘制效果如图4-4-3所示。

图4-4-2　衣柜俯视图内部细节绘制

图4-4-3　衣柜俯视图背板绘制

在命令行里输入"O",按空格确定,输入偏移量450,选择矩形最右侧直线,在左侧空白处点击。按空格重复上一步命令,输入偏移量9,将所得直线分别向两侧偏移,后将上一步所得直线删除,得到衣柜右侧小中立的位置。

在命令行里输入"O",按空格确定,输入偏移量450,选择矩形最左侧直线,在右侧空白处点击。按空格重复上一步命令,输入偏移量9,将所得直线分别向两侧偏移,后将上一步所得直线删除,得到衣柜左侧小中立的位置。

输入"TR",按两次空格确定,将中立与衣柜背板及踢脚板交叉的位置的线条删除,得到中立的线条。绘制效果如图4-4-4所示。

图4-4-4　衣柜俯视图小中立绘制

至此，衣柜的三视图全部绘制完成，如图4-4-5所示。

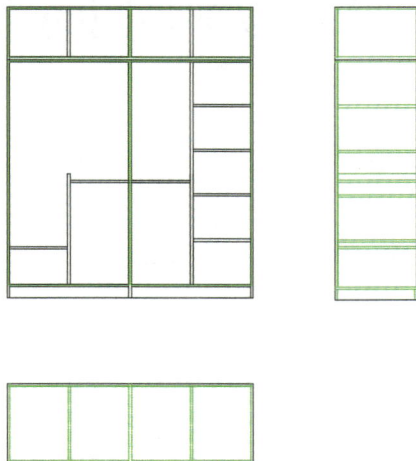

图4-4-5 衣柜三视图绘制

任务五 衣柜的尺寸标注

知识目标：掌握衣柜尺寸标注方法。

能力目标：能根据实际情况，完成衣柜的尺寸标注。

绘制完衣柜的三视图后，要对图纸进行标注。标注衣柜的外形整体尺寸、板材的尺寸以及其内部的结构。进行标注后将标注的位置进行调整，保证标注的尺寸清晰、合理、整洁。衣柜的尺寸标注如图4-5-1所示。

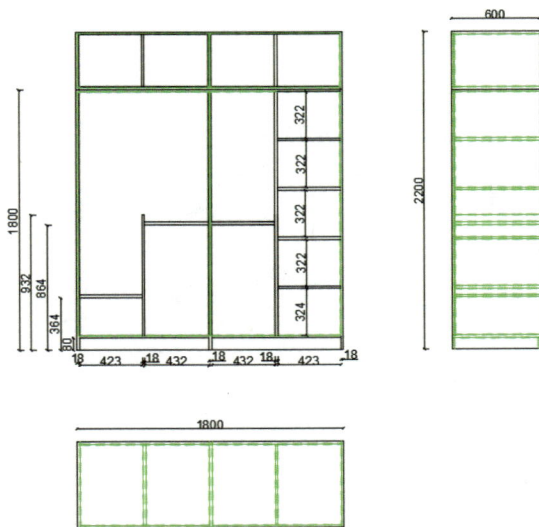

图4-5-1 衣柜尺寸标注

任务六　衣柜零部件图的绘制

知识目标：掌握衣柜零部件图的画法。

能力目标：能根据实际情况，完成衣柜的零部件图。

板式衣柜的装配采用"三合一"连接件。根据"三合一"连接件的尺寸，完成衣柜各个板材的零部件图的绘制。

一、"32mm系统"的设计原则

"32mm系统"是以侧板的设计为核心，顶板、底板、隔板与侧板相连的结合方式。因此，侧板的设计在此"32mm系统"中尤为重要。家具结构上有两类不同概念的孔位：系统孔和结构孔。系统孔用来装配隔板、抽屉等零部件，结构孔是形成柜类家具框架所必须的。两类孔的合理布局是"32mm系统"的关键。

1.系统孔

系统孔一般设在垂直坐标上，分别位于侧板的前沿和后沿，前轴线到侧板前沿的距离为37mm，若采用内嵌门板或内嵌抽屉，则应当为37mm加上门板或抽屉面的厚度，后面也同样原理计算，前轴线之间及其辅助线之间均保持32mm整数倍的距离。其保证"三合一"的涨塞能够固定在其中，孔径Φ为10mm，深度为12mm。与其相邻的位置通过木榫与其余板材相连，孔径Φ为8mm，深度为12mm。

2.结构孔

结构孔设在水平坐标上，上沿第一排结构孔与板材边缘的距离及孔径根据板件结构和装配的五金件决定。采用"三合一"连接件连接时，其距离板材边缘的距离为34mm，孔径Φ为15mm，深度为12mm。

连接方式如图4-6-1所示。

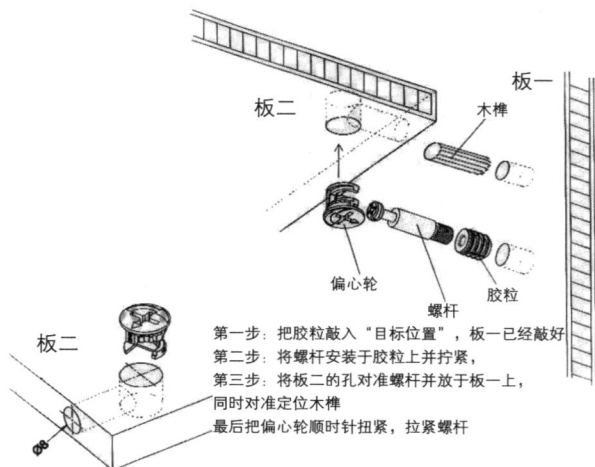

图4-6-1　"三合一"连接件的装配示意图

二、衣柜侧板零部件的绘制

先以衣柜的下柜左侧板为例，绘制其零部件图。

在命令行输入"REC"，按空格确定，在空白处任意点击一点，输入"D"，按尺寸绘制矩形，输入其长度1820，宽度600。所形成的矩形尺寸为此衣柜下柜左侧板，如图4-6-2所示。

在命令行输入"X"，按空格确定，选择上一步所绘制矩形，按空格确定，将矩形分解。在命令行输入"O"，输入偏移量9，选择矩形上侧直线，点击直线下方空白处任意一点。绘制的直线为与前踢脚板相连的孔位位置。

再根据其三视图的观察，分别在将侧板的上侧直线向下偏移37、69、325、517、549。确定隔板与其相连的各个孔位位置。

输入"O"，按空格确定，输入偏移量9，选择矩形的下侧直线，点击直线上方任意一点，将后踢脚板的连接位置绘制出来，如图4-6-3所示。

图4-6-2 衣柜下柜左侧板

图4-6-3 衣柜下柜左侧板孔位辅助线1

在命令行输入"O"，按空格确定，分别输入偏移距离为20、52、89、393、1811，确定顶底板、隔板、踢脚板与侧板的相连接位置，如图4-6-4所示。

在命令行输入"O"，按空格确定，分别输入偏移距离为18、23，将开槽位置标识出来。在命令行里输入"C"，按空格确定，分别绘制半径为4和半径为5的圆。分别将圆移动到各个直线相交的位置，并将辅助线删除，得到侧板孔位图，如图4-6-5所示。

图4-6-4 衣柜下柜左侧板孔位辅助线2

图4-6-5 衣柜下柜左侧板孔位

利用尺寸标注命令将此零部件尺寸标注，如图4-6-6所示。

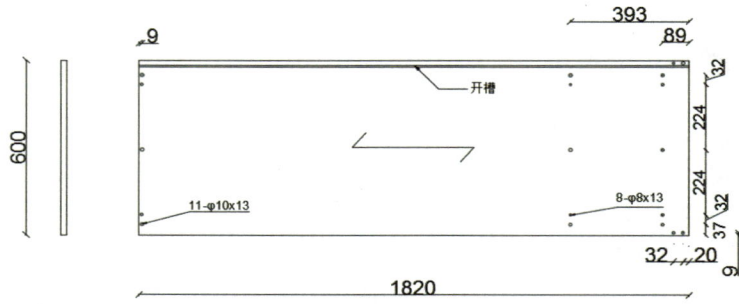

图4-6-6　衣柜下柜左侧板零件图

根据上图方法绘制其他零部件及其对应编号，如图4-6-7至图4-6-21所示。

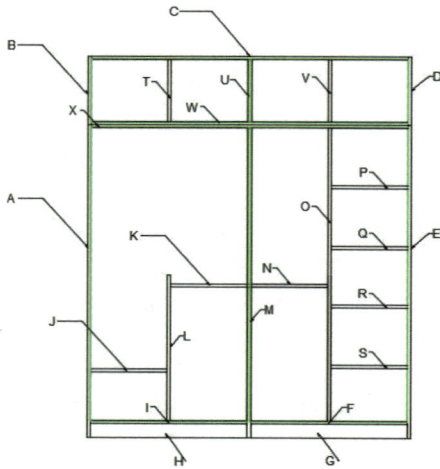

图4-6-7　衣柜零部件对应编号

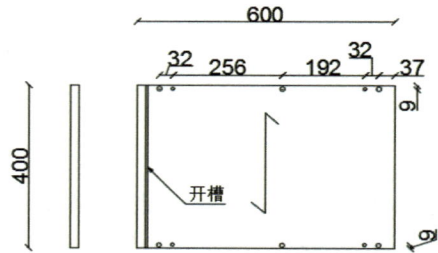

图4-6-8　编号B零部件图

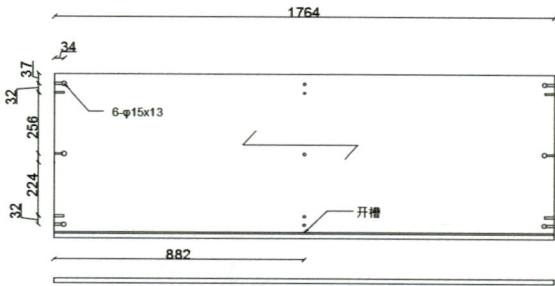

图4-6-9　编号C、X零部件图

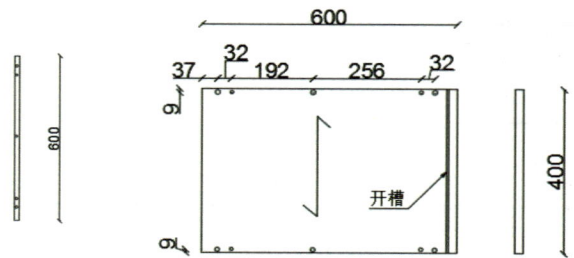

图4-6-10　编号D零部件图

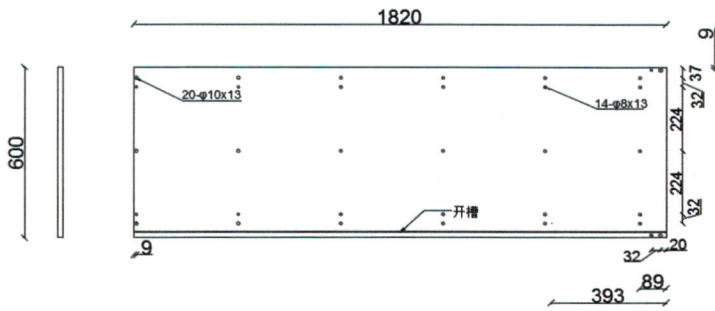

图4-6-11 编号E零部件图

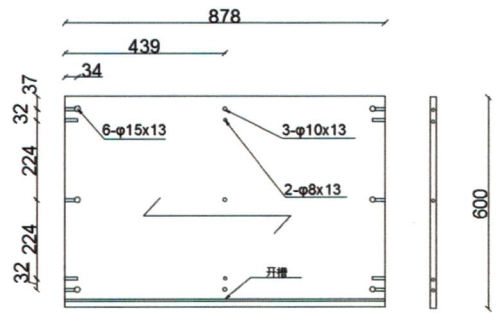

图4-6-12 编号F、I零部件图

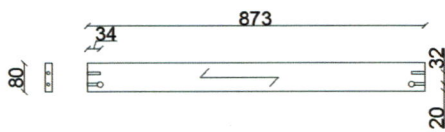

图4-6-13 编号G、H零部件图

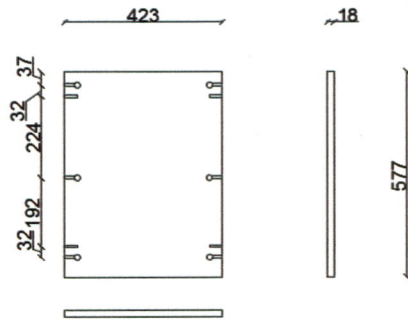

图4-6-14 编号J、P、Q、R、S零部件图

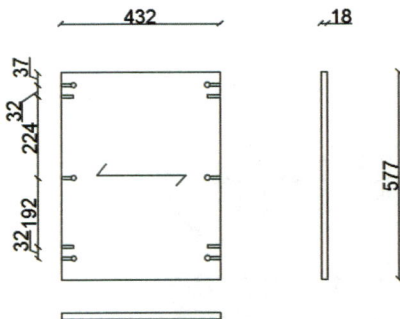

图4-6-15 编号K、N零部件图

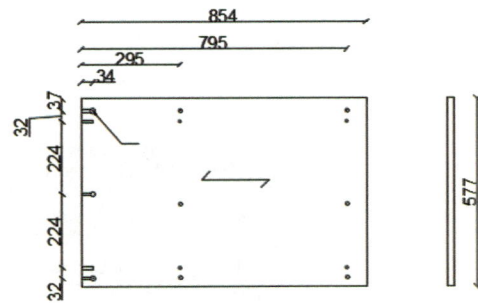

图4-6-16 编号L零部件图

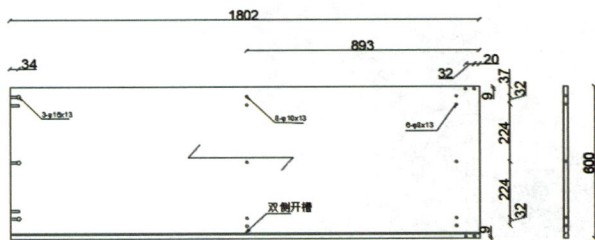

图4-6-17 编号M零部件图

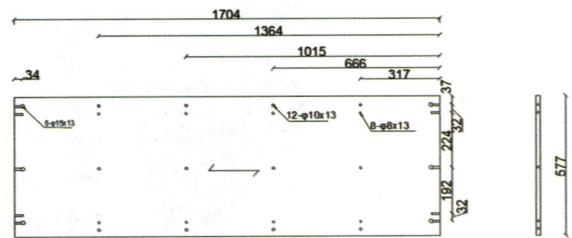

图4-6-18 编号O零部件图

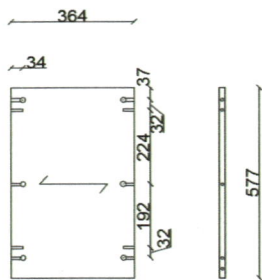

图4-6-19　编号T、V零部件图　　　图4-6-20　编号U零部件图

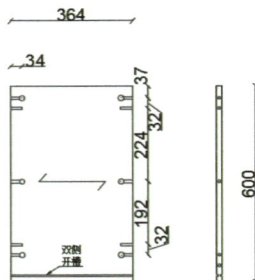

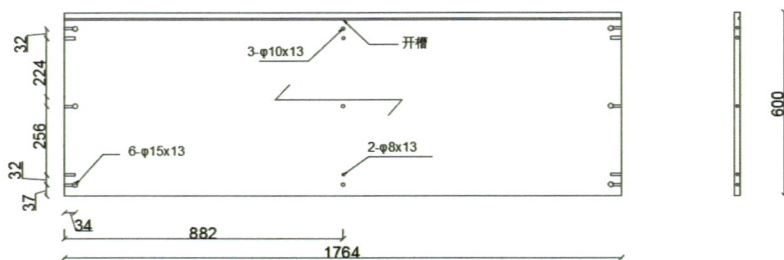

图4-6-21　编号W零部件图

实训练习

完成下图中衣柜的三视图及零部件孔位图并进行标注。

衣柜宽度尺寸3000mm；衣柜深度尺寸700mm；衣柜高度尺寸2700mm。

项目五 橱柜的绘制

任务一 橱柜案例分析与AutoCAD绘图环境设置

知识目标：掌握绘制橱柜时绘图环境的设置方法和命令。

能力目标：能建立新图层，熟练应用CAD命令绘制橱柜方案。

一、案例分析

本案例是根据厨房工况现场（图5-1-1）的布局完成一款橱柜的设计。在设计中主要利用直线（L）、矩形（REC）、复制（CO）、修剪（TR）、移动（M）、镜像（MI）、拉伸（S）、填充（H）、块定义（B）、分解（X）等命令。

图5-1-1 厨房工况现场

图5-1-2 三聚氰胺双饰面刨花板

产品材料：柜体采用三聚氰胺双饰面刨花板（图5-1-2），门板采用G型扣手晶钢板门板（图5-1-3），台面采用人造石英石台面（图5-1-4）。

图5-1-3　G型扣手晶钢板门板

图5-1-4　人造石英石台面

二、设置绘图环境

（1）新建文档：打开中文AutoCAD2016，新建一个文档。

（2）设置图形单位：单击菜单"格式—单位"（或者输入UN命令），打开"图形单位"对话框，将单位设置为"mm"后，点击"确定"按钮结束。

（3）创建图层：点击工具栏的"图层特性"（或者输入LA命令），创建图层，如图5-1-5所示。

① 轮廓线图层：颜色为黑色，线型为连续线，线宽0.3。

② 虚线图层：颜色为蓝色，线型为虚线，线宽默认。

③ 点划线图层：颜色为黄色，线型为点划线，线宽默认。

④ 标注线图层：颜色为黑色，线型为连续线，线宽默认。

⑤ 障碍物图层：颜色为灰色，线型为连续线，线宽默认。

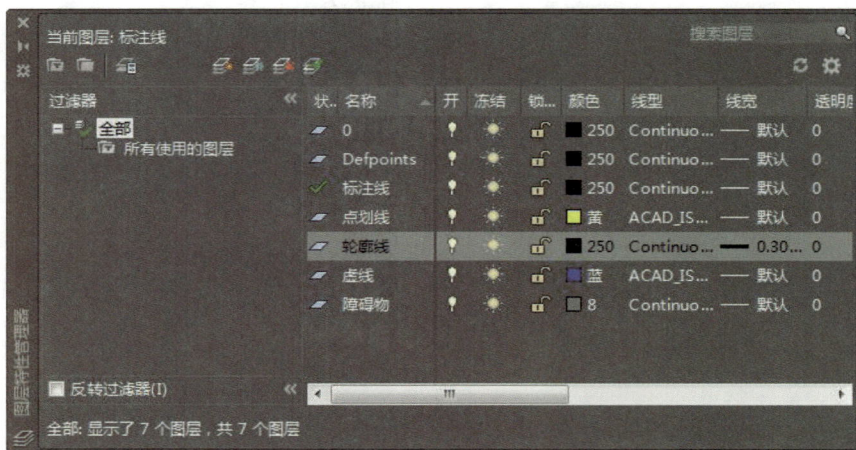

图5-1-5　图层特性管理

任务二　测量透视图的绘制

知识目标：掌握测量透视图的画法。

能力目标：能根据工况现场布局，完成透视测量图的绘制。

透视图是以画法几何学的中心投影原理为依据，以人眼为投射中心，视线为投射线所画出的图。

测量透视图是在定制家具工况测量中经常应用的一种绘图形式，通常是由设计人员采用手绘的方法，采用一点透视的效果将工况的墙体展现在图纸上，以达到简洁明了、一目了然的效果。

一、墙体及墙柱的绘制

1.正面墙体

根据测量空间，以窗户右侧的墙体为正面墙体，根据一点透视的画法，画出一个矩形（图5-2-1）代表主墙体。

2.侧面墙体

在绘制完成矩形的左侧，从灭点发散出两条射线，构成侧墙的上下界限，然后画出一条垂直线，构成侧墙的另外边界（图5-2-2）。

3.墙柱

正面墙体的右侧墙面有一个墙柱，从灭点发散出两条射线，构成墙柱的上下界限，然后画出一条垂直线，构成墙柱的另外边界（图5-2-3），然后继续以灭点发散出两条射线，在墙柱的右侧构建一个侧墙（图5-2-4）。

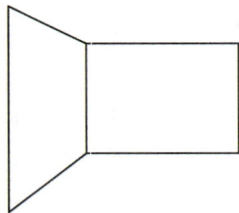

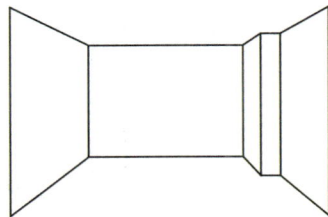

图5-2-1　正面墙体　　　　　图5-2-2　侧面墙体　　　　　图5-2-3　墙柱　　　　　图5-2-4　右侧墙体

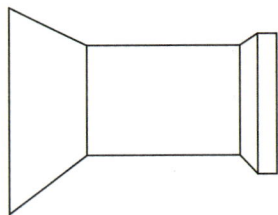

二、窗口的绘制

在工况空间中，窗是在左侧墙体上的，所以在左侧墙体上需要绘制出窗口的透视图（图5-2-5）。

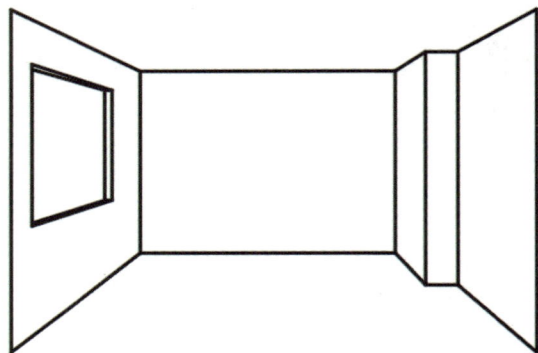

图5-2-5　窗口

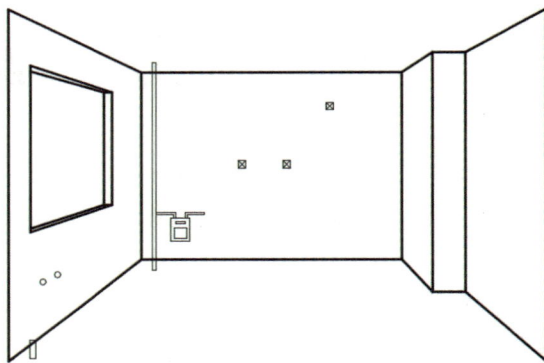

图5-2-6　障碍物

三、其他障碍物的绘制

因为在橱柜设计中，厨房障碍物会影响橱柜的设计方案，所以在绘制厨房的空间时，需要将厨房的障碍物绘制在测量图上（图5-2-6）。

四、手绘测量图尺寸标注

在绘制完成工况空间后，需要将工况精确尺寸记录在测量图纸上，方便后期完成方案图纸（图5-2-7）。在记录时，首先要寻找一个测量基点，所有的尺寸都是以一个基点出发的尺寸。例如，图5-2-7中三角号的墙角即为基点墙角。

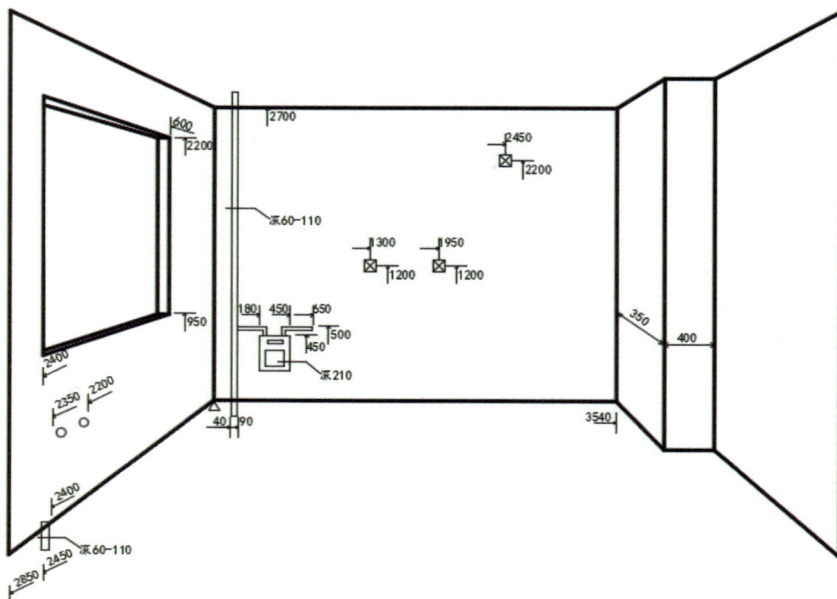

图5-2-7　尺寸标注

任务三　橱柜平面图的绘制

知识目标：掌握橱柜平面图的绘制方法。

能力目标：能根据测量透视图完成橱柜的平面布局。

橱柜的平面图是整体橱柜方案布置的基础，亦可称为俯视图。在绘制平面图时，可将其分为五个步骤。

一、厨房墙体俯视图绘制

根据测量图纸和尺寸数据，完成平面墙体的绘制。在命令行输入"ML"，命令行提示"指定起点或[对正（J）/比例（S）/样式（ST）]"，输入"S"，命令行提示"输入多线比例"，需要将比例值调整为墙体厚度。在建筑行业一般墙体厚度有100mm、120mm、200mm、240mm、370mm和500mm，为了保证图纸美观，通常采用120mm厚度作为家具制图中常用墙体尺寸，即将比例调整为120。在命令行中输入"120"，空格，此时命令行提示"指定起点或[对正（J）/比例（S）/样式（ST）]"，用鼠标在屏幕上捕捉任意一点，然后向上拉动鼠标，输入"2850"，空格，然后向右拉动鼠标输入"3540"，空格，继续向下拉动鼠标，输入"350"，空格，向右拉动鼠标输入"400"，空格，向下拉动鼠标输入"2500"，空格。

利用直线（L）命令将多线未封口部分连接。在命令行中输入"L"，命令行提示"指定第一个点"，此时用鼠标捕捉多线的其中一条线的端点，然后再点击另一条线的端点。最后利用填充命令对墙体内部进行填充。在命令行中输入"H"，打开"图案填充和渐变色"对话框，如图5-3-1所示。

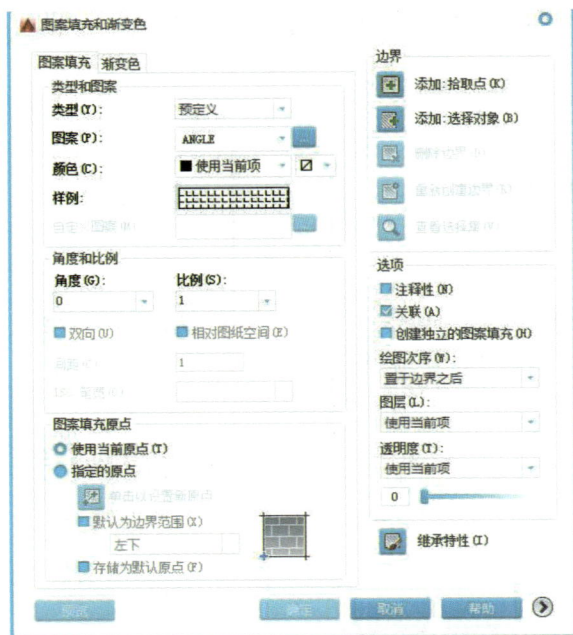

图5-3-1　"图案填充和渐变色"对话框

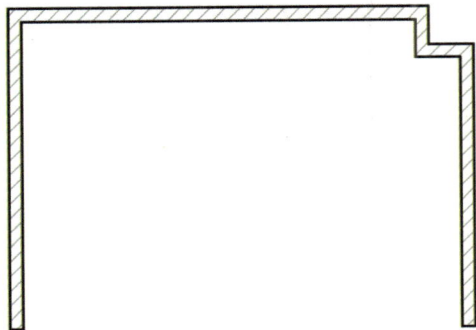

图5-3-2　墙体

　　在图案栏中选择"ANST31"，在比例栏中输入"30"，然后点击"添加：拾取点"按钮，画面自动切换后，用鼠标左键点击要填充图形的内部。空格一次，回到"图案填充和渐变色"对话框。点击"预览"，调整图案比例，如果线条清晰可见，点击确定即可。

　　将墙体线改为轮廓线图层，填充线改为障碍物线图层，最终墙体如图5-3-2所示。

二、厨房障碍物平面图绘制

　　完成墙体后，为保证橱柜方案的工艺性，需要将工况内障碍物俯视图绘制在墙体内，将图层更改为"障碍物图层"。

　　因为厨房障碍物的造型较为复杂，但为了快速制图，可以视其为几何形体。例如，水管为圆形，煤气表为矩形等。

1.窗的俯视图绘制

　　在墙体俯视图上，以墙体线向内偏移等宽度的两条线作为窗的符号标记，如图5-3-3所示。

2.煤气管和煤气表的俯视图绘制

　　在墙体俯视图上，用圆形表示煤气管，矩形表示煤气表，如图5-3-4所示。

3.下水管的俯视图绘制

　　在墙体俯视图上，用圆形来表示下水管，如图5-3-5所示。

图5-3-3　窗的俯视图

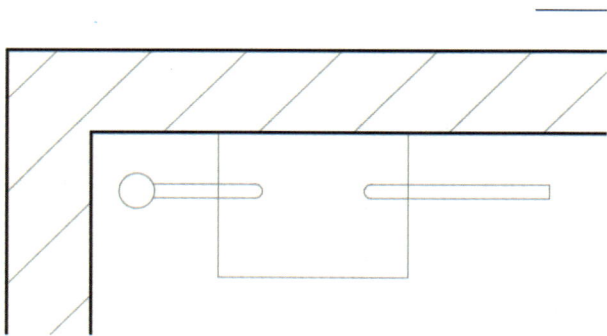

图5-3-4　煤气管和煤气表的俯视图　　　　　　图5-3-5　下水管的俯视图

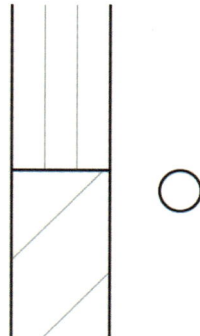

　　最终，根据测量图纸，将所有障碍物绘制在工况俯视图中，如图5-3-6所示。

图5-3-6　厨房工况俯视图

三、橱柜台面俯视图绘制

根据橱柜台面的标准，通常有550mm和600mm两个尺寸，而600mm为通用尺寸。以墙体线为基准，向内侧偏移600mm得到一个L形橱柜台面的俯视图线。

在命令行输入"O"，命令行提示"指定偏移距离或[通过（T）/删除（E）/图层（L）]"，输入"600"，命令行提示"选择要偏移的对象，或[退出（E）/放弃（U）]"，此时选择水平的墙体和左侧墙体内侧线，并且向墙体内侧移动鼠标，并且再次点击鼠标左键。

此时，出现两条相交线，同时在右侧的台面线没有连接到墙体，最左侧下端的台面线没有连接，如图5-3-7所示。

在命令行输入"TR"，命令行提示"选择对象或<全部选择>"，用鼠标反向框选两条台面线，空格，然后用鼠标左键选择需要删除掉的两个线段。

在命令行输入"EX"，命令行提示"选择对象或<全部选择>"，用鼠标点击右侧墙体的内部线，空格，再用鼠标左键点击要延伸的台面线。

在命令行输入"L"，将左侧台面进行连接，即完成台面俯视图的绘制，如图5-3-8所示。

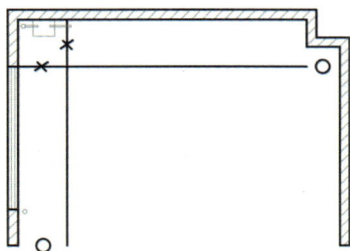

图5-3-7　橱柜台面俯视图需要修改的位置图

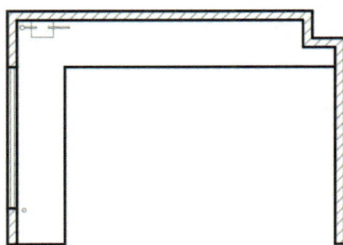

图5-3-8　橱柜台面俯视图

四、橱柜地柜绘制

橱柜地柜的深度尺寸与橱柜台面的深度尺寸需要配套，通常台面深度为600mm时，橱柜地柜的深度为570mm（含门板），门板厚度为20mm，柜体深度为550mm。

以墙体内侧线向内偏移550mm和570mm，然后以450mm为单元柜门，分箱体设计单元柜。首先将图层改为"虚线图层"，在命令行输入"O"命令行提示"指定偏移距离或[通过（T）/删除（E）/图层（L）]"，输入

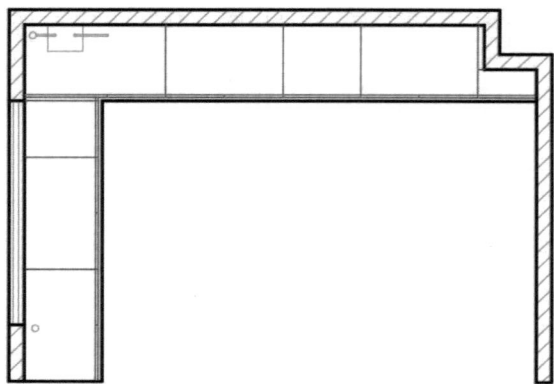

图5-3-9 橱柜地柜俯视图

"550"，命令行提示"选择要偏移的对象，或[退出（E）/放弃（U）]"，此时选择水平的墙体和左侧墙体内侧线，并且向墙体内侧移动鼠标，并且再次点击鼠标左键。

在命令行输入"O"，命令行提示"指定偏移距离或[通过（T）/删除（E）/图层（L）]"，输入"570"，命令行提示"选择要偏移的对象，或[退出（E）/放弃（U）]"，此时选择水平的墙体和左侧墙体内侧线，并且向墙体内侧移动鼠标，并且再次点击鼠标左键。

在命令行输入"O"，命令行提示"指定偏移距离或[通过（T）/删除（E）/图层（L）]"，输入"450"，命令行提示"选择要偏移的对象，或[退出（E）/放弃（U）]"，此时选择台面边缘线，并且向上端移动鼠标，并且再次点击鼠标左键。

在命令行输入"TR"，命令行提示"选择对象或<全部选择>"，再空格一次，然后用鼠标左键选择需要删除掉的线段，最终得到橱柜地柜俯视图，如图5-3-9所示。

五、橱柜吊柜绘制

橱柜吊柜的深度尺寸，通常为350mm（含门板），门板厚度20mm，柜体深度330mm。以墙体内侧线向内偏移330mm和350mm。因为左侧墙体有窗，所以左侧墙体不放置橱柜吊柜。

在命令行输入"O"，命令行提示"指定偏移距离或[通过（T）/删除（E）/图层（L）]"，输入"330"，命令行提示"选择要偏移的对象，或[退出（E）/放弃（U）]"，此时选择水平的墙体内侧线，并且向墙体内侧移动鼠标，并且再次点击鼠标左键。

在命令行输入"O"，命令行提示"指定偏移距离或[通过（T）/删除（E）/图层（L）]"，输入"350"，命令行提示"选择要偏移的对象，或[退出（E）/放弃（U）]"，此时选择水平的墙体内侧线，并且向墙体内侧移动鼠标，并且再次点击鼠标左键。

在橱柜单元柜尺寸上，首先以炉具柜中心向两侧分别偏移450mm作为吸油烟机吊柜。吸油烟机吊柜的两端剩余的柜体，根据门板比例及门板宽度尺寸进行调整。

在命令行输入"L"，命令行提示"指定第一个点，点击炉具地柜门板的中心点，然后选择与之垂直的且与墙体相交的第二点。

在命令行输入"TR"，命令行提示"选择对象或<全部选择>"，用鼠标选取吊柜的门板线，空格一次，然后用鼠标左键选择吊柜门板以下的线，作为吸油烟机中心线。

在命令行输入"O"，命令行提示"指定偏移距离或[通过（T）/删除（E）/图层（L）]"，输入"450"，命令行提示"选择要偏移的对象，或[退出（E）/放弃（U）]"，此时选择水平的刚才画好的吸油烟机中心线，并且向两侧分别移动鼠标，并且再次点击鼠标左键。

同样利用偏移命令，以400mm为单元柜尺寸，对剩余的柜体进行分割，对于不够400mm的尺寸，将其旁边的400mm柜并入其中，作为上翻门吊柜。

用点画线将每一个吊柜进行标记。最终吊柜方案如图5-3-10所示。

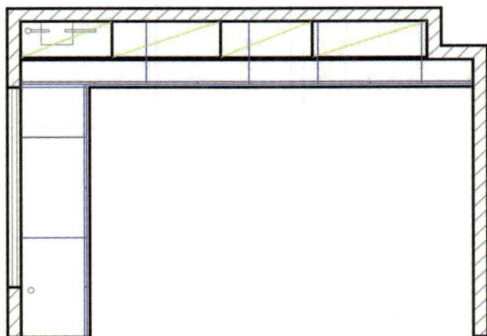

图5-3-10　橱柜吊柜俯视图

任务四　橱柜立面图的绘制

知识目标：掌握橱柜立面图的绘制方法。

能力目标：能根据测量透视图完成橱柜的立面图绘制。

橱柜立面图是在平面图的基础上，将橱柜的平面图展现在立面上，可以体现出橱柜在高度方向上的尺寸的图。橱柜立面图有以下步骤。

一、墙体立面图绘制

绘制橱柜墙体的立面图通常采用矩形命令，先绘制出相同的位置。

在命令行输入"REC"，命令行提示"指定第一角点或[倒角（C）/标高（E）/圆角（F）/厚度（T）/宽度（W）]"，在橱柜俯视图的上端对应位置用鼠标左键选择一点，此时命令行提示"指定另一个角点或[面积（A）/尺寸（D）/旋转（R）]"，此时在命令行输入"@120，2700"绘制出左侧墙体，利用同样的命令及方法绘制右侧墙体。

因为右侧墙体有墙柱存在，所以同样以矩形命令绘制墙柱。在命令行输入"REC"命令行提示"指定第一角点或[倒角（C）/标高（E）/圆角（F）/厚度（T）/宽度（W）]"，在右侧墙体的左下角位置鼠标左键选择一点，此时命令行提示"指定另一个角点或[面积（A）/尺寸（D）/旋转（R）]"，此时在命令行输入"@-400，2700"。

然后用直线（L）命令将墙柱和左侧墙体进行连接，对墙体及墙柱进行填充，即完成主视立面墙体，如图5-4-1所示。

采用同样的方法和命令完成左侧墙体的立面图，如图5-4-2所示。

图5-4-1 主视墙体立面图

图5-4-2 左侧墙体的立面图

二、障碍物立面图绘制

根据透视测量图纸，确认障碍物的位置，并且根据外形，绘制出障碍物所在墙体的位置。

1.窗的立面图绘制

窗户位于左侧墙体上，根据窗口的大小和位置，采用偏移命令绘制。首先确定窗的位置，以地面线向上偏移950mm和2200mm，以墙体内侧线向左偏移600mm和2400mm，将多余的线进行修剪，得到一个矩形，该矩形即为窗的立面图。

在命令行输入"O"，命令行提示"指定偏移距离或[通过（T）/删除（E）/图层（L）]"，输入"950"，命令行提示"选择要偏移的对象，或[退出（E）/放弃（U）]"，此时选择地面水平线，向上移动鼠标，并且再次点击鼠标左键。

在命令行输入"O"，命令行提示"指定偏移距离或[通过（T）/删除（E）/图层（L）]"，输入"2200"，命令行提示"选择要偏移的对象，或[退出（E）/放弃（U）]"，此时选择地面水平线，向上移动鼠标，并且再次点击鼠标左键。

在命令行输入"O"，命令行提示"指定偏移距离或[通过（T）/删除（E）/图层（L）]"，输入"600"，命令行提示"选择要偏移的对象，或[退出（E）/放弃（U）]"，此时选择右侧墙体内侧线，向左移动鼠标，并且再次点击鼠标左键。

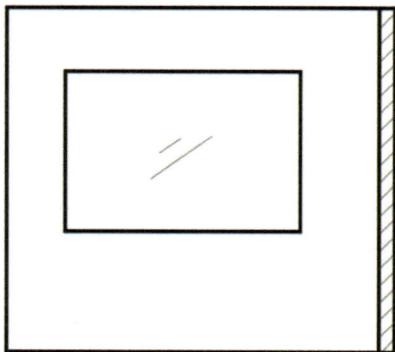

图5-4-3 窗的立面图

在命令行输入"O"，命令行提示"指定偏移距离或[通过（T）/删除（E）/图层（L）]"，输入"2400"，命令行提示"选择要偏移的对象，或[退出（E）/放弃（U）]"，此时选择右侧墙体内侧线，向左移动鼠标，并且再次点击鼠标左键。

在命令行输入"TR"，命令行提示"选择对象或<全部选择>"，用鼠标反向框选刚才偏移出的四条线，空格一次，然后用鼠标左键选择需要删除掉矩形外的线段。

将图层更改为障碍物图层，关闭正交，在命令行输入"L"，在矩形内画出一长一短的两条平行线，即完成窗口的立面图绘制，如图5-4-3所示。

2.煤气表和煤气管的立面图绘制

煤气表和煤气管是在主视墙体上，煤气管在立面图上是由两条垂直线构成，煤气表可以视其为一个矩形，然后从两端分别出来一个进气管和出气管。所以利用偏移命令，创建矩形命令即可。

将图层更改为障碍物图层。

在命令行输入"O"，命令行提示"指定偏移距离或[通过（T）/删除（E）/图层（L）]"，输入"40"，命令行提示"选择要偏移的对象，或[退出（E）/放弃（U）]"，此时选择主视墙的左侧墙体内侧线，向右移动鼠标，并且再次点击鼠标左键。

在命令行输入"O"，命令行提示"指定偏移距离或[通过（T）/删除（E）/图层（L）]"，输入"90"，命令行提示"选择要偏移的对象，或[退出（E）/放弃（U）]"，此时选择上一步所得直线，向右移动鼠标，并且再次点击鼠标左键。

在命令行输入"REC"，命令行提示"指定第一角点或[倒角（C）/标高（E）/圆角（F）/厚度（T）/宽度（W）]"，在橱柜立面图位于地面高度200mm，位于左侧墙体距离180mm处选择第一点，此时命令行提示"指定另一个角点或[面积（A）/尺寸（D）/旋转（R）]"，此时在命令行输入"@270，300"绘制出煤气表，从煤气表上端水平延伸出两条平行线，平行线间距30mm，左端延伸到煤气管，右端延伸到距离左侧墙体内侧线650mm处，如图5-4-4所示。

3.水、电的立面图绘制

根据测量透视图可以看到，电的立面集中在主视墙体上，水的立面集中在左侧墙体上，所有先绘制电源的立面图，在绘制前先制作电源模块。

电源插座模块为边长100mm的矩形，然后中间为电符号表示。

在命令行输入"REC"，命令行提示"指定第一角点或[倒角（C）/标高（E）/圆角（F）/厚度（T）/宽度（W）]"，选择图纸中任意一点，此时命令行提示"指定另一个角点或[面积（A）/尺寸（D）/旋转（R）]"，此时在命令行输入"@100，100"。

然后在矩形内画出五孔插座的孔形式，如图5-4-5所示。

图5-4-4　煤气表与煤气表立面图　　　　　图5-4-5　插座图示

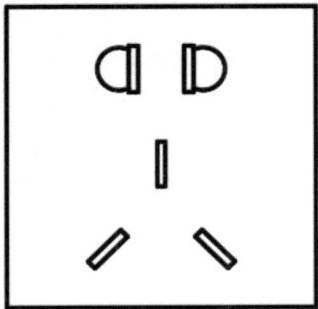

将画好的插座编辑成块，在命令行输入"B"，弹出"块定义"对话框，如图5-4-6所示。

图5-4-6　块定义对话框

　　先输入名称"五孔插座"，点击拾取点按钮，在电源插座图示上选择任意一个角点，在对象框中选中"转换为块"，在方式框中勾选"允许分解"，然后点击确定。

　　然后将五孔插座根据测量图放置在主视墙体的立面图上，如图5-4-7所示。

　　水管的立面图主要集中在左侧墙体上，有墙排上水管和地排下水管两种，上水管采用直径20mm的水管，即在图纸上绘制两个直径为20mm的圆。下水管一般采用直径为50mm的水管，所以在立面图中绘制两条间隔50mm的垂直线。

　　在命令行输入"C"，命令行提示"指定圆的圆心或[三点（3P）/两点（2P）/切点、切点、半径（T）]"，在距离地面高度400mm，距离左侧墙的右侧墙体内侧线2210mm的位置，拾取圆心点。此时命令行提示"指定圆的半径或[直径（D）]"，输入"10"。

　　在命令行输入"C"，命令行提示"指定圆的圆心或[三点（3P）/两点（2P）/切点、切点、半径（T）]"，在距离地面高度400mm，距离左侧墙的右侧墙体内侧线2340mm的位置，拾取圆心点。此时命令行提示"指定圆的半径或[直径（D）]"，输入"10"。

　　在命令行输入"O"，命令行提示"指定偏移距离或[通过（T）/删除（E）/图层（L）]"，输入"2400"，命令行提示"选择要偏移的对象，或[退出（E）/放弃（U）]"，此时选择左侧墙的右侧墙体内侧线，向右移动鼠标，并且再次点击鼠标左键。

　　在命令行输入"O"，命令行提示"指定偏移距离或[通过（T）/删除（E）/图层（L）]"，输入"2450"，命令行提示"选择要偏移的对象，或[退出（E）/放弃（U）]"，此时选择左侧墙的右侧墙体内侧线，向左移动鼠标，并且再次点击鼠标左键。

　　在命令行输入"O"，命令行提示"指定偏移距离或[通过（T）/删除（E）/图层（L）]"，输入"150"，命令行提示"选择要偏移的对象，或[退出（E）/放弃（U）]"，此时选择地面水平线，向上移动鼠标，并且再次点击鼠标左键。

　　在命令行输入"TR"，命令行提示"选择对象或<全部选择>"，用鼠标选取刚才偏移的三条线，将交叉线以外的四条线修剪。

　　最后，上下水管的立面图完成，如图5-4-8所示。

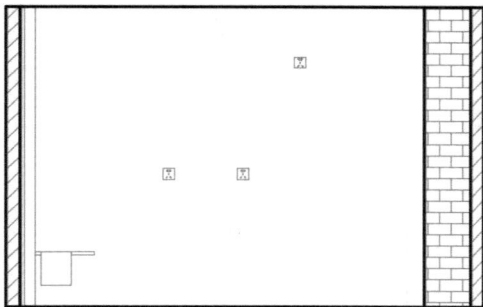

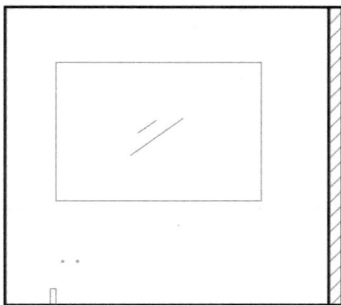

图5-4-7　电源立面图　　　　　　　　　图5-4-8　上下水管的立面图

三、橱柜地柜部分立面图绘制

橱柜地柜在宽度方向的尺寸和深度方向的尺寸已经在橱柜地柜平面图中确认完成，在立面图中需要确认其高度方向尺寸。

首先橱柜地柜下端有一层踢脚板，高度为110mm，通常橱柜地柜柜体高度为650mm，台面前沿厚度为40mm。

将主视墙体的地面水平线分别向上偏移110mm、760mm和800mm。

在命令行输入"O"，命令行提示"指定偏移距离或[通过（T）/删除（E）/图层（L）]"，输入"110"，命令行提示"选择要偏移的对象，或[退出（E）/放弃（U）]"，此时选择地面水平线，向上移动鼠标，并且再次点击鼠标左键。

在命令行输入"O"，命令行提示"指定偏移距离或[通过（T）/删除（E）/图层（L）]"，输入"760"，命令行提示"选择要偏移的对象，或[退出（E）/放弃（U）]"，此时选择地面水平线，向上移动鼠标，并且再次点击鼠标左键。

在命令行输入"O"，命令行提示"指定偏移距离或[通过（T）/删除（E）/图层（L）]"，输入"800"，命令行提示"选择要偏移的对象，或[退出（E）/放弃（U）]"，此时选择地面水平线，向上移动鼠标，并且再次点击鼠标左键。

将深入到两端墙体的线修剪掉，并且将被地柜和台面遮住的墙柱部分修剪掉。

在命令行输入"TR"，命令行提示"选择对象或<全部选择>"，用鼠标选取两侧墙体的内侧线，空格，再点击深入到墙体内的线。

在命令行输入"TR"，命令行提示"选择对象或<全部选择>"，用鼠标选取800mm高的水平线，空格，点击墙柱800mm以下部分的线和填充线。

然后根据俯视图的橱柜宽度尺寸，将柜体门板绘制在760mm和110mm两条高度的线中间，并且将600mm宽的柜子设置为2小1大的抽屉，如图5-4-9所示。

因为此橱柜为"L"形橱柜，所以在两部分交叉的地方存在重合部分，重叠部分的画法如图5-4-10所示。

侧视图踢脚板高度110mm，柜体高度650mm，台面的高度40mm。深度方向，台面为600mm，橱柜柜体深度为550mm，橱柜门板厚度为20mm，踢脚板520mm。中间采用点画线，表示为地柜的侧视图（图5-4-10）。

在单独绘制完成后，定义为"块"，方便后期应用。并且进行镜像，在左侧墙体的地柜立面图中有一个与其方向相反的柜体侧视图。

在命令行输入"B"，弹出"块定义"对话框，在名称中输入"地柜侧视图"，点击拾取点按钮，在该图示上选择任意一个角点，在对象框中选中"转换为块"，在方式框中勾选"允许分解"，然后点击确定。

在命令行输入"MI"，命令行提示"选择对象"，将已经编辑成块的侧视图选中，空格，命令行提示"指定镜像线的第一点"，在该侧视图外的任意一侧点击一点，命令行提示"指定镜像线的第二点"，打开正交，向下拉动鼠标，在第一点正下方再选取任意一点，命令行提示"要删除源对象吗？[是（Y）/否（N）] <否>"，空格即可，成为右视图。

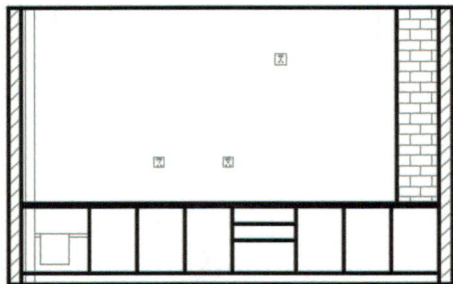

图5-4-9　主视墙地柜门板图　　　　　　　　　图5-4-10　地柜侧视图

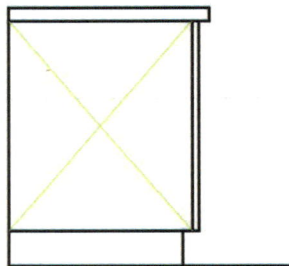

将左视图的块移动到主视墙体的左下方，让其与主视墙体橱柜的立面图各部分重合。
用点画线，分别标识门板的开启方向。如图5-4-11所示。
采用同样的方法将左侧墙体的橱柜地柜立面图绘制出来。如图5-4-12所示。

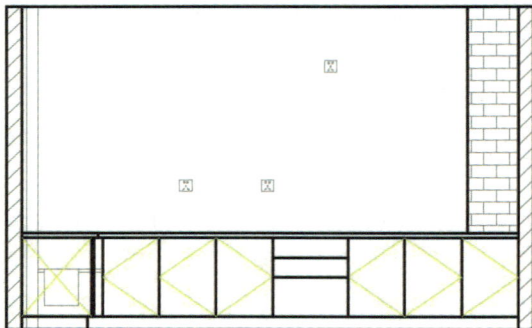

图5-4-11　主视墙体地柜立面图　　　　　　　图5-4-12　左侧墙体地柜立面图

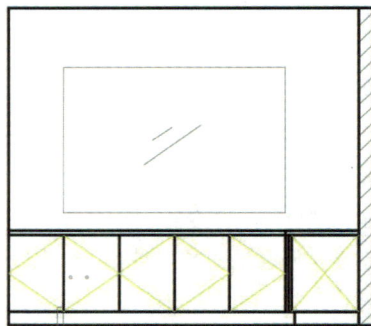

四、橱柜吊柜部分立面图绘制

首先确定吊柜底部和台面之间的距离，通常为750mm，吊柜自身的高度为700mm，所以在高度上的尺寸已经确定。在宽度上吊柜的尺寸和吊柜的俯视图一致。

在命令行输入"O"，命令行提示"指定偏移距离或[通过（T）/删除（E）/图层（L）]"，输入"750"，命令行提示"选择要偏移的对象，或[退出（E）/放弃（U）]"，此时选择台面水平线，向上移动鼠标，并且再次点击鼠标左键。

在命令行输入"O"，命令行提示"指定偏移距离或[通过（T）/删除（E）/图层（L）]"，输入"1450"，命令行提示"选择要偏移的对象，或[退出（E）/放弃（U）]"，此时选择台面水平线，向上移动鼠标，并且再次点击鼠标左键。

因为吊柜的深度方向与墙柱基本一致，所以吊柜只能从墙柱的左侧做起。所以在线偏移后需要将墙柱内的线修剪掉。

在命令行输入"TR"，命令行提示"选择对象或<全部选择>"用鼠标选取墙柱线的内侧线，空格，再点击深入到墙柱内的线。

然后根据吊柜俯视图中吊柜尺寸，在刚才两条偏移线中画出门板线。将700mm和740mm的两个吊柜设置为上翻门吊柜。

最后绘制出门板开启线，如图5-4-13所示，吊柜立面图完成。

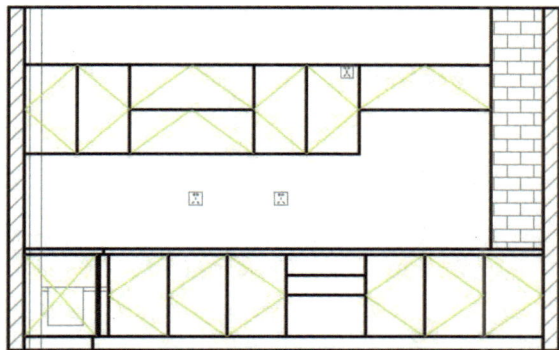

图5-4-13　吊柜立面图

任务五　橱柜模块的使用与修改

知识目标：掌握厨房常用模块的调用技巧。

能力目标：能将厨房中常用模块放置在橱柜视图中。

在厨房空间中，很多物品的绘制需要花费大量的时间，因而为了加快绘图速度，我们从绘图模型中调用即可，例如吸油烟机、灶具、洗菜盆、微波炉和消毒柜等。本次任务是将这些常用模块根据实物尺寸，进行尺寸更改，并且放置在橱柜的图纸中。

一、实物种类及尺寸要求

在本次橱柜的方案中，应用的厨房物品种类较少，只有吸油烟机、灶具和洗菜盆三种。下面分别是三种物品的种类及尺寸。

（1）吸油烟机：欧式平板烟机，宽度为900mm，高度为450mm，吸烟盘高度为80mm。

（2）灶具：双眼灶具，外形尺寸为720mm×430mm×135mm。

（3）洗菜盆：双盆，左大右小，外形尺寸为750mm×450mm×180mm。

二、模型调用

打开厨房常用物品模型库，在模型库中选择以上三种物品，如图5-5-1所示。

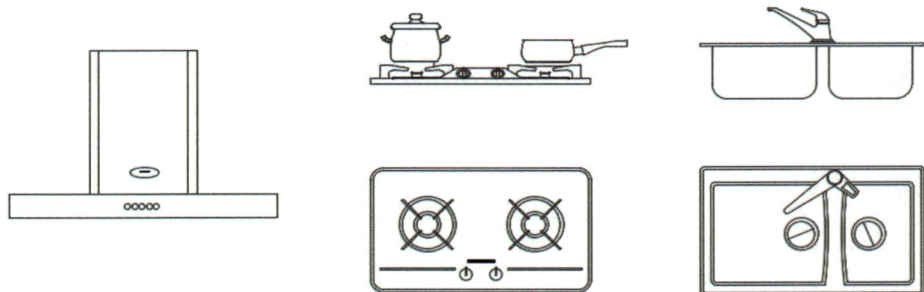

图5-5-1　吸油烟机、灶具、洗菜盆模型

三、修改模块尺寸

1.吸油烟机

首先量取吸油烟机模型外观尺寸，如图5-5-2所示。

根据实物尺寸，吸油烟机宽度相同，吸烟盘厚度一致，只有总体高度不相同，只需要更改总体高度。

在命令行输入"S"，命令行提示"选择对象"，鼠标反向框选，从烟机脖部位直到吸油烟机上端（图5-5-3）。命令行提示"指定基点或[位移（D）]"，在途中任意选取一点作为基点。然后向下拉动鼠标，在命令行提示"指定第二点或<使用第一点作为位移>"，输入"130"，空格。

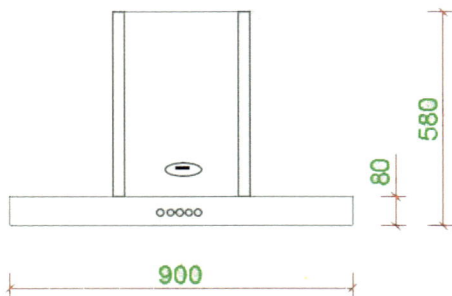

图5-5-2　吸油烟机模型

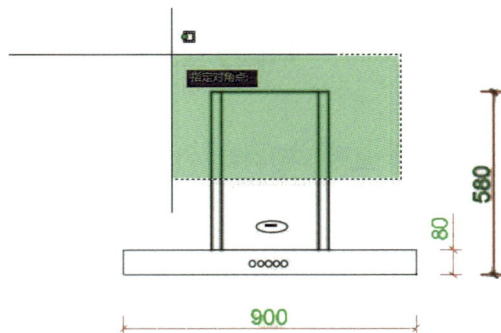

图5-5-3　吸油烟机拉伸命令反向框选区

此时完成吸油烟机的尺寸修改，为了后期更改图纸较为便捷，需要将更改后的吸油烟机编辑成块。

在命令行输入"B"，弹出"块定义"对话框。在名称中输入"吸油烟机"，点击"拾取点"按钮，在吸油烟机上任意选择一点。点击"选择对象"按钮，选择吸油烟机的全部线，然后确定即可。

最终完成吸油烟机的尺寸修改，如图5-5-4所示。

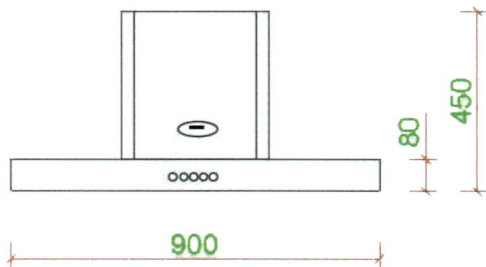

图5-5-4　修改尺寸后的吸油烟机

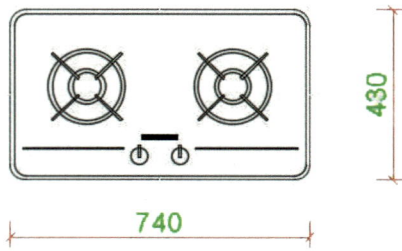

图5-5-5　灶具模型尺寸

2.灶具

首先量取灶具的尺寸，因为灶具在绘图中只有长和宽两个尺寸有意义，所以量取模型也是只需要这两个尺寸，如图5-5-5所示。

根据实物尺寸，长度为720mm，宽度为430mm，在长度尺寸上模型比实物大20mm，所以需要用拉伸命令进行尺寸修改。注意修改时一定要将炉具的主视图和俯视图一同修改。

在命令行输入"S"，命令行提示"选择对象"，鼠标反向框选，从炉具的左外侧到炉具的正中部（图5-5-6）。命令行提示"指定基点或[位移（D）]"，在途中任意选取一点作为基点。然后向左拉动鼠标，在命令行提示"指定第二点或<使用第一点作为位移>"，输入"20"，空格。

完成尺寸修改后，需要将灶具的主视图和俯视图分别编辑成块。最终更改后的灶具如图5-5-7所示。

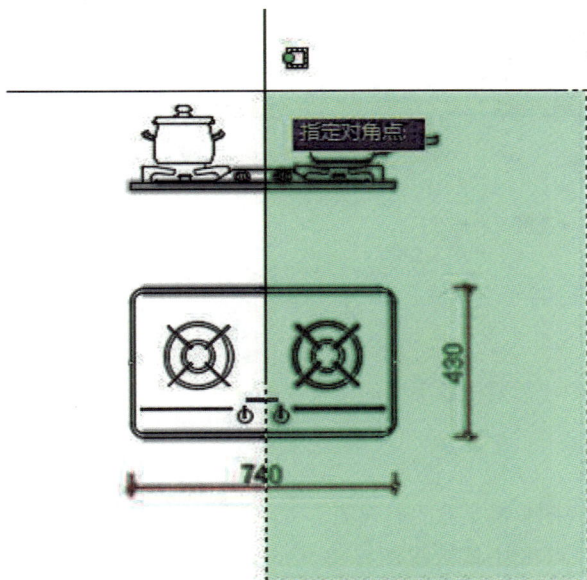

图5-5-6 灶具拉伸命令反向框选区

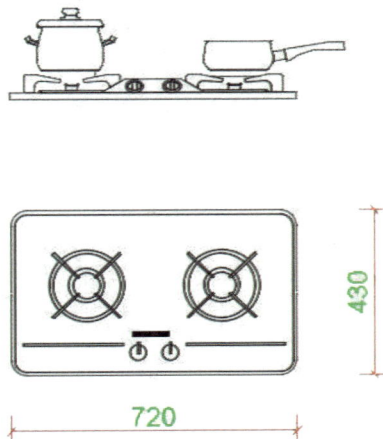

图5-5-7 修改尺寸后的灶具

3.洗菜盆

首先量取洗菜盆模型的尺寸，如图5-5-8所示。

根据实物尺寸，长为750mm，宽为450mm，高为180mm。因为长度尺寸一致，高度和宽度尺寸不同，所以应用拉伸命令来修改尺寸。

在命令行输入"S"，命令行提示"选择对象"，鼠标反向框选，从洗菜盆的俯视图下侧到洗菜盆俯视图的中部（图5-5-9）。命令行提示"指定基点或[位移（D）]"，在途中任意选取一点作为基点，然后向下拉动鼠标，在命令行提示"指定第二点或<使用第一点作为位移>"，输入"10"，空格。

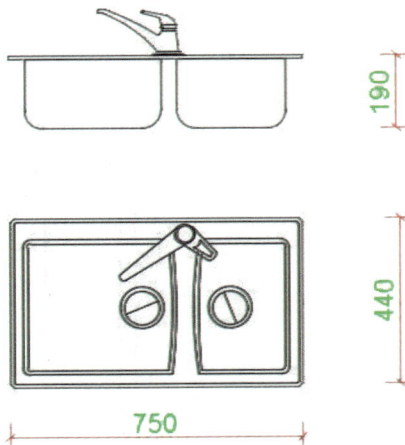

图5-5-8 洗菜盆模型尺寸

在命令行输入"S",命令行提示"选择对象",鼠标反向框选,从洗菜盆的主视图下侧到洗菜盆主视图的中部(图5-5-10)。命令行提示"指定基点或[位移(D)]",在途中任意选取一点作为基点,然后向上拉动鼠标,在命令行提示"指定第二点或<使用第一点作为位移>",输入"10",空格。

完成尺寸修改后,需要将洗菜盆的主视图和俯视图分别编辑成块。最终更改后的洗菜盆如图5-5-11所示。

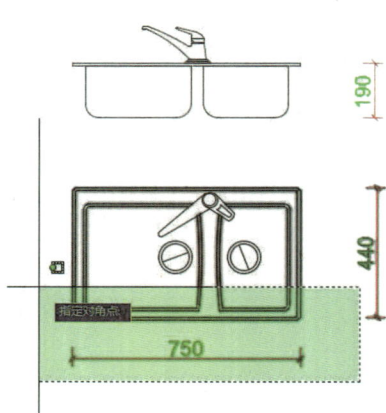

图5-5-9 洗菜盆拉伸宽度反向框选区　　图5-5-10 洗菜盆拉伸高度反向框选区　　图5-5-11 修改尺寸后的洗菜盆

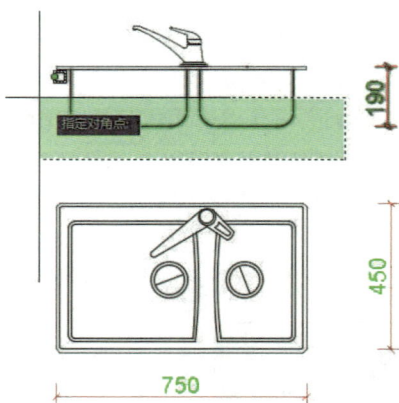

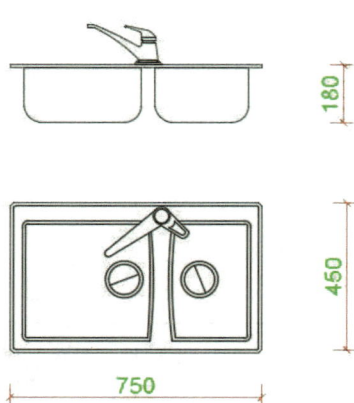

四、模块摆放

首先确定每一种模块的摆放位置,因为在不同的视图中,需要摆放不同的模块视图。

1.橱柜俯视图

在橱柜俯视图纸中,有两种模型需要摆放,灶具的俯视图和洗菜盆的俯视图。

在命令行输入"M",命令行提示"选择对象",点击灶具俯视图,将其放置在主墙俯视图的炉具地柜中。

在命令行输入"M",命令行提示"选择对象",点击洗菜盆俯视图,将其放置在左侧墙体俯视图的洗物柜地柜中。

即完成俯视图模块的安放,如图5-5-12所示。

图5-5-12 橱柜俯视图模型的放置

2.橱柜立面图

在橱柜立面图中，吸油烟机和灶具是中心对应的，应该放置在正面墙体上，而洗菜盆是在左侧墙体上，所以需要分别移动，如图5-5-13和5-5-14所示。

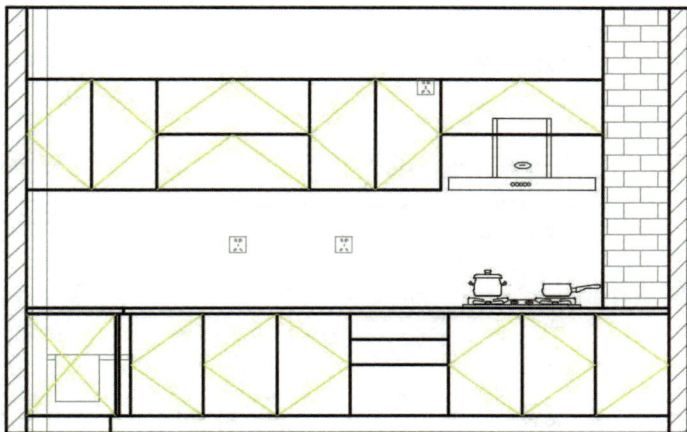

图5-5-13　立面图中吸油烟机和灶具的放置位置

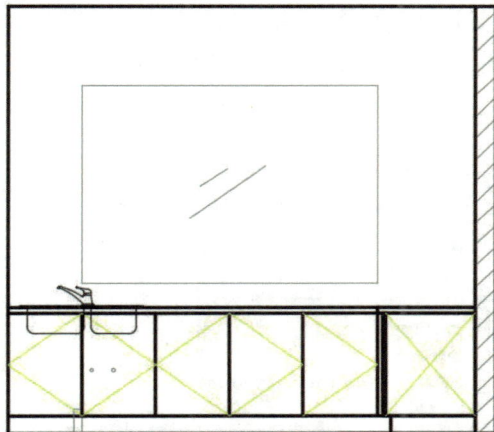

图5-5-14　立面图中洗菜盆的放置位置

任务六　橱柜的尺寸标注

知识目标：掌握橱柜的尺寸标注方法。

能力目标：能对整体橱柜进行快速、准确地标注。

一、标注样式修改

在进行橱柜标注时，首先需要对标注样式进行调整。在图层管理器中选择"标注线"图层，然后在命令行输入"DST"，弹出标注样式对话框，如图5-6-1所示。

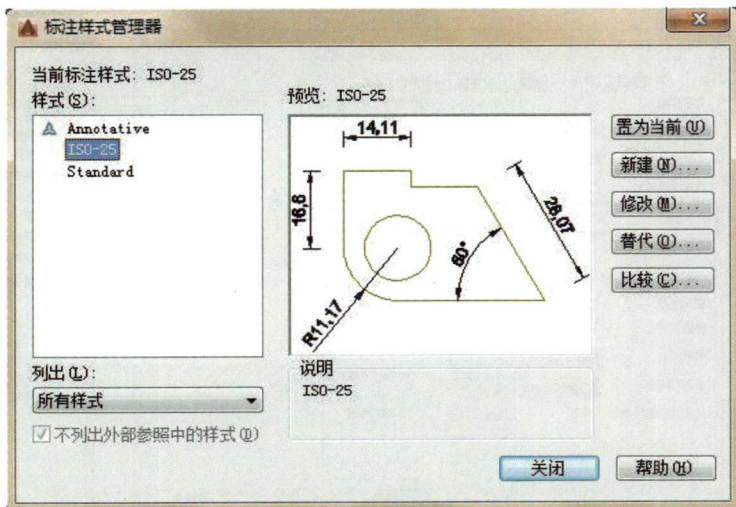

图5-6-1　标注样式管理器

标注样式管理器中标注样式默认为"ISO-25"，然后点击"修改"后进入"修改标注样式：ISO-25"界面，如图5-6-2所示。

在标注样式的修改中，分别需要对尺寸界限的长度、符号、箭头大小、文字大小和调整全局比例进行修改。

首先选择"线"按钮，在该界面中将"固定长度的尺寸界限（O）"勾选上，然后在下方"长度（E）"后面修改为"2"。此项修改后的标注界限不会与图纸线相重合。

在"符号和箭头"栏中，将"箭头"第一个和第二个都选择成"/倾斜"，将箭头大小改成"1"，如图5-6-3所示。

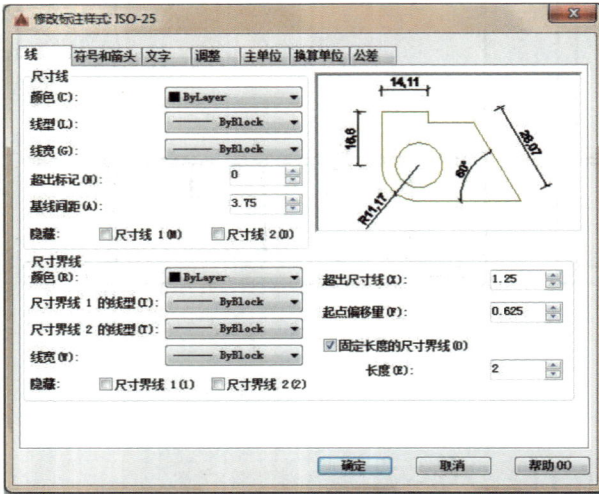

图5-6-2　修改标注样式：ISO-25

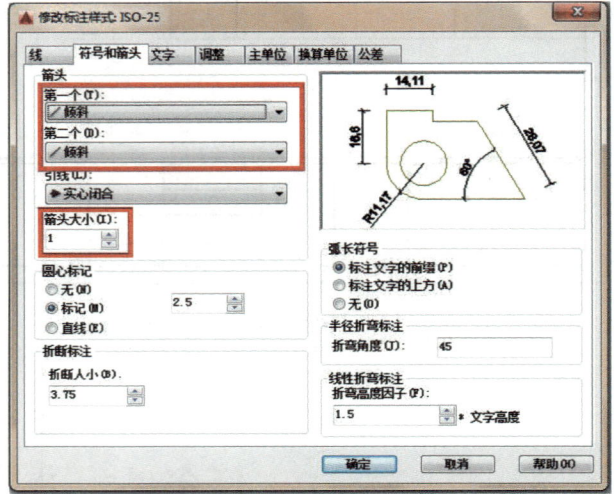

图5-6-3　修改标注样式：ISO-25-符号和箭头

在"文字"栏中，将"文字高度"改成"2.5"（默认），如图5-6-4所示。

在"调整"栏中，将"使用全局比例"后面的数字更改为图纸比例即可，如图5-6-5所示。

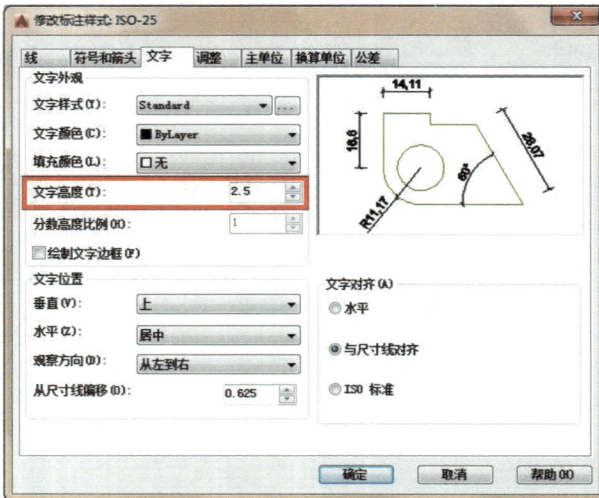

图5-6-4　修改标注样式：ISO-25-文字

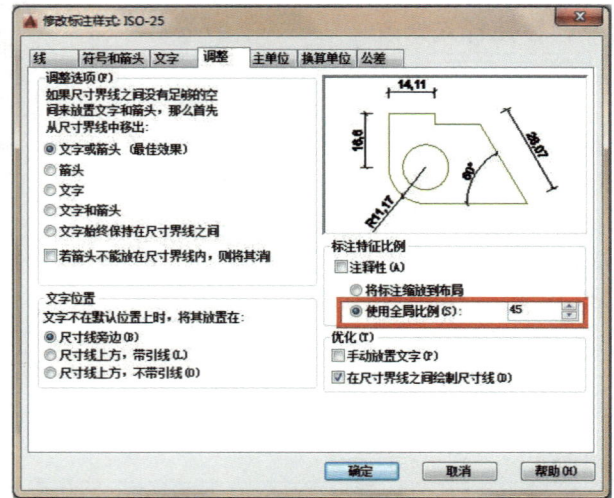

图5-6-5　修改标注样式：ISO-25-调整

二、尺寸标注

以上将文字标注样式修改完成后，接下来进行标注程序。橱柜的标注方法有很多种，这里给大家介绍一种最为基础的标注方法，即在立面图中标注橱柜的宽度尺寸和高度尺寸，在俯视图中标注橱柜和台面的深度尺寸。标注的方法采用一个柜体一个标注单元的方式来区分单开门和对开门。

1.橱柜宽度尺寸标注

以正面墙体立面图的右侧地柜开始进行标注。

在命令行输入"DLI"，命令行提示"指定第一个尺寸界限原点<选择对象>"，此时选择右侧柜体的最右侧端点上，命令行提示"指定第二个尺寸界限原点"，选择右侧柜体的最左侧端点。向下拉动鼠标，放置在地面线之下（不与图纸上面的线相交）。

此时完成第一个单元柜体的标注。接下来采用连续标注的方式。

在命令行输入"DCO"，命令行提示"指定第二个尺寸界限原点[选择（S）放弃（U)]<选择>"，此时选择下个柜子的最左端一点，直到将最后一个柜子标注完成。

在标注一字转角柜的时候，除了要标注柜体尺寸以外，还要单独对一字转角柜的转角门板进行标注，在标注中，调整板同样要进行标注。

地柜宽度方向标注完成后，采用同样的方法对吊柜进行标注，橱柜宽度的尺寸标注如图5-6-6所示。

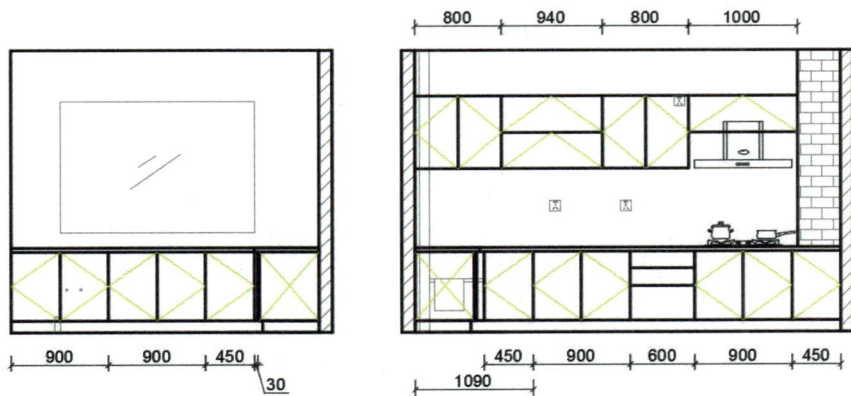

图5-6-6　橱柜宽度尺寸标注

2.橱柜高度尺寸标注

以地面为起点，从下至上依次标注。

在命令行输入"DLI"，命令行提示"指定第一个尺寸界限原点<选择对象>"，此时选择地面水平面上一点，命令行提示"指定第二个尺寸界限原点"，选择地柜底端水平线一点。向左或右拉动鼠标，放置在墙体之外（不与图纸上面的线相交）。

此时完成踢脚板高度的标注。接下来采用连续标注的方式。

在命令行输入"DCO"，命令行提示"指定第二个尺寸界限原点[选择（S）放弃（U)]<选择>"，此时依次选择地柜的上端水平线、台面水平线、吊柜下沿水平线、吊柜上沿水平线和棚顶线，如图5-6-7所示（特殊高度尺寸的柜体另外标注）。

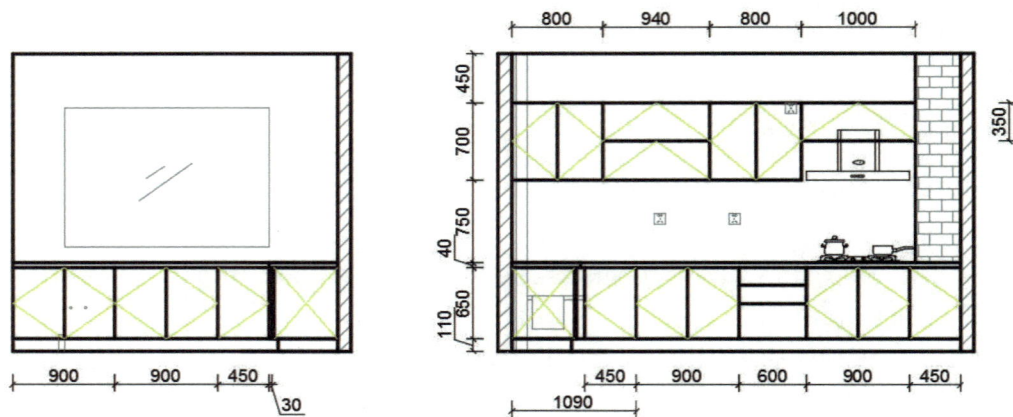

图5-6-7　橱柜高度尺寸标注

3.橱柜深度方向尺寸

橱柜的深度尺寸分为地柜深度、吊柜深度和台面深度三种尺寸，而对于橱柜的制作来讲，地柜和吊柜的深度尺寸（不含门）尤为重要。

虽然在立面图中也能将橱柜的深度尺寸表示出来，但是由于其视图和视角的关系，表达不完整，所以通常将橱柜的深度在俯视图中标注。

标注的方法采用地柜和吊柜分别标注，缺角柜需要将缺角的尺寸进行标注。

在命令行输入"DLI"，命令行提示"指定第一个尺寸界限原点<选择对象>"，此时选择任意一排地柜后端线，命令行提示"指定第二个尺寸界限原点"，选择地柜门板前端线，拉动鼠标，放置在墙体或柜体之外（不与图纸上面的线相交）。

在命令行输入"DLI"，命令行提示"指定第一个尺寸界限原点<选择对象>"，此时选择任意一排吊柜后端线，命令行提示"指定第二个尺寸界限原点"，选择吊柜门板前端线，拉动鼠标，放置在墙体或柜体之外（不与图纸上面的线相交）。

在命令行输入"DLI"，命令行提示"指定第一个尺寸界限原点<选择对象>"，此时选择任意一个缺角边的端点，命令行提示"指定第二个尺寸界限原点"，选择缺角边的另外一个端点，拉动鼠标，放置在墙体或柜体之外（不与图纸上面的线相交）。

在命令行输入"DLI"，命令行提示"指定第一个尺寸界限原点<选择对象>"，此时选择一个缺角柜的另外一个缺角边的一个端点，命令行提示"指定第二个尺寸界限原点"，选择这个缺角边的另外一个端点。拉动鼠标，放置在墙体或柜体之外（不与图纸上面的线相交）。橱柜深度方向尺寸如图5-6-8所示。

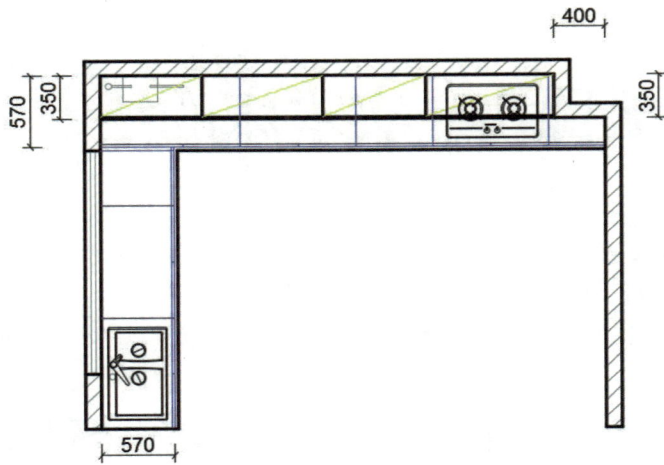

图5-6-8 橱柜深度尺寸标注

实训练习

根据工况测量图完成橱柜方案图纸。

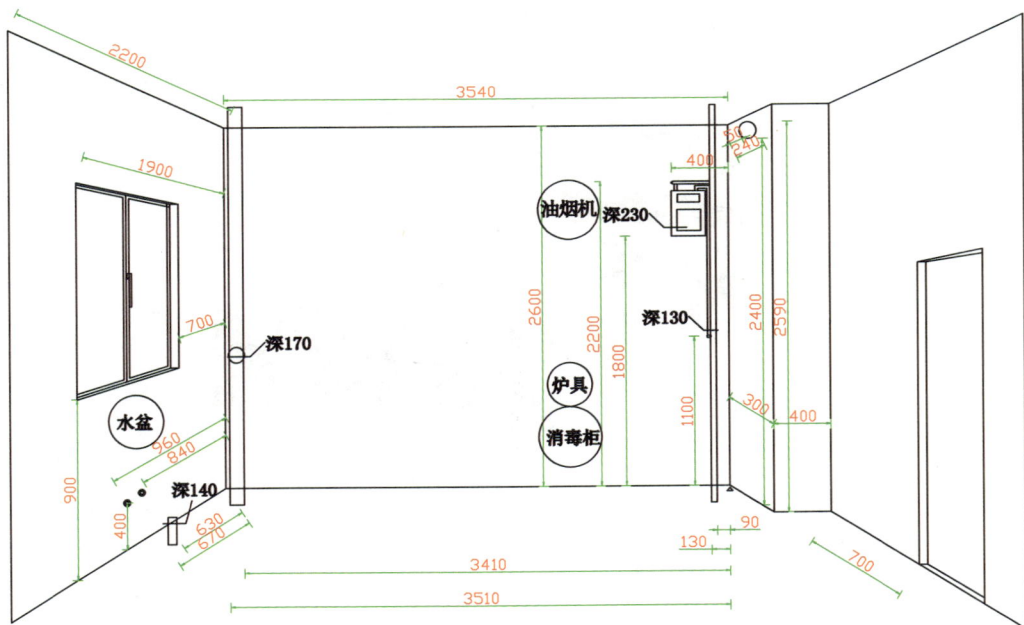

项目六　实木床的绘制

实木家具是我国传统家具中的重要类别，在明清时期达到巅峰。在中国现代的家具当中，实木家具除了沿用了传统榫卯结合的形式以外，还增加了大量五金连接件的使用。其中实木床就是一个非常典型的案例。通过本案例的学习，大家既能熟练掌握实木家具的图纸绘制方法，同时还能学习到常见实木家具的连接方式。

任务一　实木床案例分析与AutoCAD绘图环境设置

知识目标：掌握绘制实木床时绘图环境的设置方法和命令。

能力目标：能建立新图层，熟练应用CAD命令绘制实木床三视图。

一、案例分析

本案例是根据一张实木床的照片（图6-1-1），完成这款实木床的设计图纸。在设计中主要利用直线（L）、矩形（REC）、复制（CO）、修剪（TR）、移动（M）、镜像（MI）、拉伸（S）、填充（H）、块定义（B）、分解（X）和圆弧（ARC）等命令。

图6-1-1　实木床照片

产品材料：该实木床的床头、床尾及床侧均采用红橡木，床板采用白松木。

连接方式：床侧板和床头、床尾的连接方式采用双钩床挂件（图6-1-2），中间床板与床侧、床头和床尾采用横梁卡槽（图6-1-3），床头框架和床尾框架均采用榫卯结合。

规格尺寸：通常床分为单人床和双人床，床体的高度尺寸基本为350～450mm，长度有1900mm和2000mm两种尺寸，现阶段2000mm的尺寸较为常见。床体宽度尺寸通常有900mm、1200mm、1350mm、1500mm、1800mm、2000mm等，其中1800mm最为常见。

图6-1-2　双钩床挂件

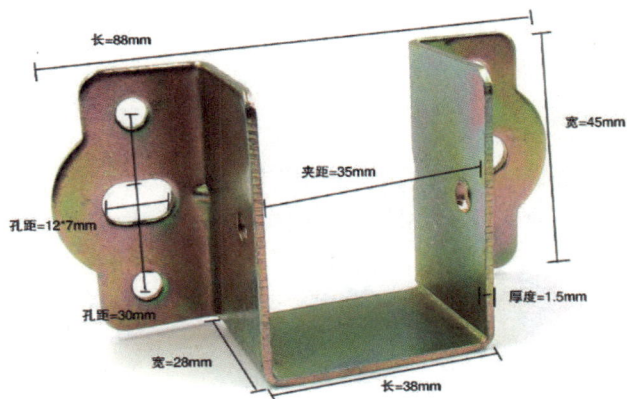

图6-1-3　横梁卡槽

以上我们所提及的长度2000mm和宽度1800mm是指床垫的外形尺寸，而床的外形尺寸还需要更大一些，这需要根据床的具体结构而定。

二、设置绘图环境

（1）新建文档：打开中文AutoCAD2016，新建一个文档。

（2）设置图形单位：单击菜单"格式—单位"（或者输入UN命令），打开"图形单位"对话框，将单位设置为"mm"后，点击"确定"按钮结束。

（3）创建图层：点击工具栏的"图层特性"（或者输入LA命令），创建图层，如图6-1-4所示。

① 轮廓线图层：颜色为黑色，线型为连续线，线宽为0.3。

② 虚线图层：颜色为蓝色，线型为虚线，线宽默认。

③ 点划线图层：颜色为绿色，线型为点划线，线宽默认。

④ 标注线图层：颜色为黑色，线型为连续线，线宽默认。

⑤ 填充线图层：颜色为灰色，线型为连续线，线宽默认。

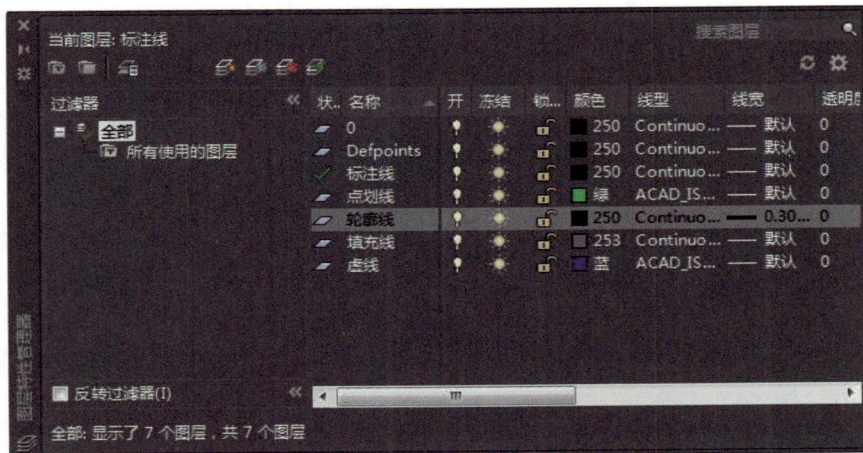

图6-1-4　图层特性管理

任务二　实木床主视图的绘制

知识目标：掌握实木床主视图的画法。

能力目标：能根据实木床图片完成主视图绘制。

在该床的三视图绘制中，可以将床头的正立面作为床的主视图。在绘制主视图时，可以将其分为三个部分，第一部分为床头部分，第二部分为床身部分，第三部分为床尾部分。

一、床头主视图

床头的宽度为1800mm，床头的高度为1000mm。首先绘制床头的外框。

在命令行输入"REC"，命令行提示"指定第一角点或[倒角（C）/标高（E）/圆角（F）/厚度（T）/宽度（W）]"，在图纸的任意位置用鼠标左键选择一点，此时命令行提示"指定另一个角点或[面积（A）/尺寸（D）/旋转（R）]"，此时在命令行输入"@1800，1000"绘制一个矩形，先确定床头主视图的外框。

然后绘制床头的两条腿。

在命令行输入"X"，命令行提示"选择对象"，选择绘制的矩形，然后点击空格，即将矩形分解为四条线段构成的矩形。

在命令行输入"REC"，命令行提示"指定第一角点或[倒角（C）/标高（E）/圆角（F）/厚度（T）/宽度（W）]"，在大矩形的左上角点位置用鼠标左键选择一点，此时命令行提示"指定另一个角点或[面积（A）/尺寸（D）/旋转（R）]"，此时在命令行输入"@45，-1000"绘制一个矩形，确定左侧床腿主视图。

在命令行输入"REC"，命令行提示"指定第一角点或[倒角（C）/标高（E）/圆角（F）/厚度（T）/宽度（W）]"，在大矩形的右上角点位置用鼠标左键选择一点，此时命令行提示"指定另一个角点或[面积（A）/尺寸（D）/旋转（R）]"，此时在命令行输入"@-45，-1000"绘制一个矩形，确定右侧床腿主视图。

最后绘制床头部分的横档和帽头。

在命令行输入"O"，命令行提示"指定偏移距离或[通过（T）/删除（E）/图层（L）]"，输入"300"，命令行提示"选择要偏移的对象，或[退出（E）/放弃（U）]"，此时选择矩形底端地面水平线，向上移动鼠标，并再次点击鼠标左键。

在命令行输入"TR"，命令行提示"选择对象或<全部选择>"，空格两次，然后用鼠标左键选择小矩形内的两条线段。

在命令行输入"O"，命令行提示"指定偏移距离或[通过（T）/删除（E）/图层（L）]"，输入"175"，命令行提示"选择要偏移的对象，或[退出（E）/放弃（U）]"，此时选择刚刚偏移出的那条线段，向上移动鼠标，并再次点击鼠标左键。

在命令行输入"O"，命令行提示"指定偏移距离或[通过（T）/删除（E）/图层（L）]"，输入"50"，命令行提示"选择要偏移的对象，或[退出（E）/放弃（U）]"，此时选择刚刚偏移出的那条线段，向上移动鼠标，并再次点击鼠标左键。

在命令行输入"O"，命令行提示"指定偏移距离或[通过（T）/删除（E）/图层（L）]"，输入"125"，命令行提示"选择要偏移的对象，或[退出（E）/放弃（U）]"，此时选择刚刚偏移出的那条线段，向上移动鼠标，并再次点击鼠标左键。

在命令行输入"O"，命令行提示"指定偏移距离或[通过（T）/删除（E）/图层（L）]"，输入"50"，命令行提示"选择要偏移的对象，或[退出（E）/放弃（U）]"，此时选择刚刚偏移出的那条线段，向上移动鼠标，并再次点击鼠标左键。

在命令行输入"O"，命令行提示"指定偏移距离或[通过（T）/删除（E）/图层（L）]"，输入"125"，命令行提示"选择要偏移的对象，或[退出（E）/放弃（U）]"，此时选择刚刚偏移出的那条线段，向上移动鼠标，并再次点击鼠标左键。

在命令行输入"O"，命令行提示"指定偏移距离或[通过（T）/删除（E）/图层（L）]"，输入"50"，命令行提示"选择要偏移的对象，或[退出（E）/放弃（U）]"，此时选择刚刚偏移出的那条线段，向上移动鼠标，并再次点击鼠标左键。

在命令行输入"O"，命令行提示"指定偏移距离或[通过（T）/删除（E）/图层（L）]"，输入"75"，命令行提示"选择要偏移的对象，或[退出（E）/放弃（U）]"，此时选择刚刚偏移出的那条线段，向上移动鼠标，并再次点击鼠标左键。

在命令行输入"L"，命令行提示"指定第一个点"，此时用鼠标捕捉上端第一条线的中点，命令行提示"指定下一点或[放弃（U）]"，用鼠标捕捉上端第二条线的中点。

在命令行输入"O"，命令行提示"指定偏移距离或[通过（T）/删除（E）/图层（L）]"，输入"600"，命令行提示"选择要偏移的对象，或[退出（E）/放弃（U）]"，此时选择上一步所得线段，向左和向右分别移动鼠标，并再次点击鼠标左键。

在命令行输入"ARC"，命令行提示"指定圆弧的起点或[圆心（C）]"，此时分别选择刚才偏移出的左侧竖线的下端点、中间竖线的上端点和刚偏移出右侧竖线的下端点。

在命令行输入"TR"，命令行提示"选择对象或<全部选择>"，空格两次，然后用鼠标左键选择需要删除的所有线段。

最终得到如图6-2-1所示的床头主视图。

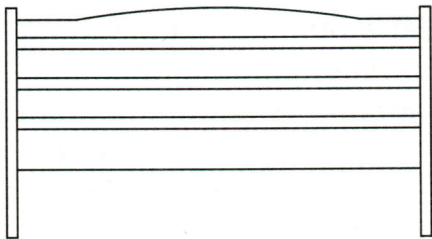

图6-2-1　床头主视图

二、床身主视图

床身的宽度为1800mm，床侧板的高度为200mm，但是为了配合床尾主视图的尺寸，所以同样参考地面高度尺寸作为基准线。

在命令行输入"REC"，命令行提示"指定第一角点或[倒角（C）/标高（E）/圆角（F）/厚度（T）/宽度（W）]"，在图纸的任意位置鼠标左键选择一点，此时命令行提示"指定另一个角点或[面积（A）/尺寸（D）/旋转（R）]"，此时在命令行输入"@1800，400"绘制一个矩形，先确定床侧主视图的外框。

在命令行输入"X"，命令行提示"选择对象"，选择绘制的矩形，然后点击空格，即将矩形分解为四条线段构成的矩形。

在命令行输入"REC"，命令行提示"指定第一角点或[倒角（C）/标高（E）/圆角（F）/厚度（T）/宽度（W）]"，在大矩形的左上角点位置用鼠标左键选择一点，此时命令行提示"指定另一个角点或[面积（A）/尺寸（D）/旋转（R）]"，此时在命令行输入"@25，-200"绘制一个矩形，确定床左侧板主视图。

在命令行输入"REC"，命令行提示"指定第一角点或[倒角（C）/标高（E）/圆角（F）/厚度（T）/宽度（W）]"，在大矩形的右上角点位置用鼠标左键选择一点，此时命令行提示"指定另一个角点或[面积（A）/尺寸（D）/旋转（R）]"，此时在命令行输入"@-25，-200"绘制一个矩形，确定床右侧板主视图。

在命令行输入"O"，命令行提示"指定偏移距离或[通过（T）/删除（E）/图层（L）]"，输入"10"，命令行提示"选择要偏移的对象，或[退出（E）/放弃（U）]"，此时选择大矩形顶端水平线，向下移动鼠标，并再次点击鼠标左键。

在命令行输入"TR"，命令行提示"选择对象或<全部选择>"，空格两次，然后用鼠标左键选择小矩形内的两条线段。

在命令行输入"O"，命令行提示"指定偏移距离或[通过（T）/删除（E）/图层（L）]"，输入"45"，命令行提示"选择要偏移的对象，或[退出（E）/放弃（U）]"，此时选择刚刚偏移出的那条线段，向下移动鼠标，并再次点击鼠标左键。

在命令行输入"O"，命令行提示"指定偏移距离或[通过（T）/删除（E）/图层（L）]"，输入"45"，命令行提示"选择要偏移的对象，或[退出（E）/放弃（U）]"，此时选择刚刚偏移出的那条线段，向下移动鼠标，并再次点击鼠标左键。

在命令行输入"REC"，命令行提示"指定第一角点或[倒角（C）/标高（E）/圆角（F）/厚度（T）/宽度（W）]"，选择左端小矩形与上端第三条水平线的交点，此时命令行提示"指定另一个角点或[面积（A）/尺寸（D）/旋转（R）]"，此时在命令行输入"@35，45"绘制一个矩形，确定平行于床侧的床板条。

在命令行输入"M"，命令行提示"指定基点或[位移（D）]"，选择该矩形的任意一点，向右移动鼠标，命令行提示"指定第二点或<使用第一点作为位移>"，输入"50"。

在命令行输入"AR"，命令行提示"选择对象"，用鼠标选择刚才绘制完成的35×45的矩形，空格，命令行提示"输入阵列类型[矩形（R）/路径（PA）/极轴（PO）]<矩形>"，空格，命令行提示"选择夹点以编辑阵列或[关联（AS）/基点（B）/计数（COU）/间距（S）/列数（COL）/行数（R）/层数（L）/退出（X）]<退出>"，输入"COU"，命令行提示"输入列数数或[表达式（E）]<4>"，输入"20"，空格，命令行提示"输入行数数或[表达式（E）]<3>"，输入"1"，空格，命令行回到先前提示内容"选择夹点以编辑阵列或[关联（AS）/基点（B）/计数（COU）/间距（S）/列数（COL）/行数（R）/层数（L）/退出（X）]<退出>"，输入"S"空格，命令行提示"指定列之间的距离或[单位单元（U）]<52.5>"，输入"85"，空格，命令行提示"指定行数之间的距离或[总计（T）/表达式（E）]<67.5>"，空格。

在命令行输入"TR"，命令行提示"选择对象或<全部选择>"，空格两次，然后用鼠标左键选择需要删除的所有线段。

最终得到如图6-2-2所示的床身主视图。

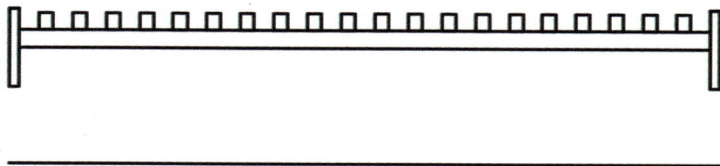

图6-2-2　床身主视图

三、床尾主视图

　　绘制床尾部分。选择"轮廓线"图层，通常床尾的宽度为1800mm，高度为500mm。所以先用"矩形（REC）"绘制两个床尾腿，然后利用矩形绘制床尾横档。

　　在命令行输入"REC"，命令行提示"指定第一角点或[倒角（C）/标高（E）/圆角（F）/厚度（T）/宽度（W）]"，在图纸的任意位置用鼠标左键选择一点，此时命令行提示"指定另一个角点或[面积（A）/尺寸（D）/旋转（R）]"，此时在命令行输入"@1800，500"绘制一个矩形，先确定床尾主视图的外框。

　　在命令行输入"X"，命令行提示"选择对象"，选择绘制的矩形，然后点击空格，即将矩形分解为四条线段构成的矩形。

　　在命令行输入"REC"，命令行提示"指定第一角点或[倒角（C）/标高（E）/圆角（F）/厚度（T）/宽度（W）]"，在大矩形的左上角点位置用鼠标左键选择一点，此时命令行提示"指定另一个角点或[面积（A）/尺寸（D）/旋转（R）]"，此时在命令行输入"@45，-500"绘制一个矩形，确定左侧床腿主视图。

　　在命令行输入"REC"，命令行提示"指定第一角点或[倒角（C）/标高（E）/圆角（F）/厚度（T）/宽度（W）]"，在大矩形的右上角点位置鼠标左键选择一点，此时命令行提示"指定另一个角点或[面积（A）/尺寸（D）/旋转（R）]"，此时在命令行输入"@-45，-500"绘制一个矩形，确定右侧床腿主视图。

　　在命令行输入"O"，命令行提示"指定偏移距离或[通过（T）/删除（E）/图层（L）]"，输入"125"，命令行提示"选择要偏移的对象，或[退出（E）/放弃（U）]"，此时选择矩形底端地面水平线，向上移动鼠标，并再次点击鼠标左键。

　　在命令行输入"TR"，命令行提示"选择对象或<全部选择>"，空格两次，然后用鼠标左键选择小矩形内的两条线段。

　　在命令行输入"O"，命令行提示"指定偏移距离或[通过（T）/删除（E）/图层（L）]"，输入"125"，命令行提示"选择要偏移的对象，或[退出（E）/放弃（U）]"，此时选择刚刚偏移出的那条线段，向上移动鼠标，并再次点击鼠标左键。

　　在命令行输入"O"，命令行提示"指定偏移距离或[通过（T）/删除（E）/图层（L）]"，输入"50"，命令行提示"选择要偏移的对象，或[退出（E）/放弃（U）]"，此时选择刚刚偏移出的那条线段，向上移动鼠标，并再次点击鼠标左键。

　　在命令行输入"O"，命令行提示"指定偏移距离或[通过（T）/删除（E）/图层（L）]"，输入"150"，命令行提示"选择要偏移的对象，或[退出（E）/放弃（U）]"，此时选择刚刚偏移出的那条线段，向上移动鼠标，并再次点击鼠标左键。

　　在命令行输入"L"，命令行提示"指定第一个点"，此时用鼠标捕捉上端第一条线的中点，命令行提示"指定下一点或[放弃（U）]"，用鼠标捕捉上端第二条线的中点。

　　在命令行输入"O"，命令行提示"指定偏移距离或[通过（T）/删除（E）/图层（L）]"，输入"600"，命令行提示"选择要偏移的对象，或[退出（E）/放弃（U）]"，此时选择上一步所得的那条线段，向左和向右分别移动鼠标，并再次点击鼠标左键。

　　在命令行输入"ARC"，命令行提示"指定圆弧的起点或[圆心（C）]"，此时分别选择刚才偏移出的左侧竖线的下端点、中间竖线的上端点和刚偏移出右侧竖线的下端点。

　　在命令行输入"TR"，命令行提示"选择对象或<全部选择>"，空格两次，然后用鼠标左键选择需要删除的所有线段。

最终得到如图6-2-3所示的床尾主视图。

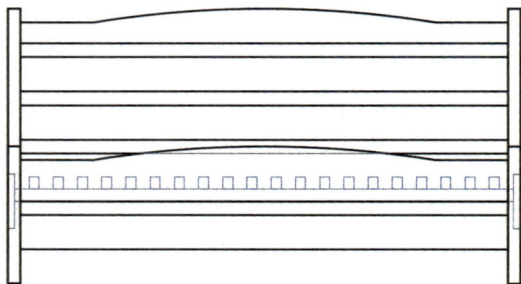

四、床整体主视图

完成三个部分单独的主视图后，根据前后关系，将这三部分的主视图结合起来，然后将非可视线变成虚线图层。最终将主视图完善，如图6-2-4所示。

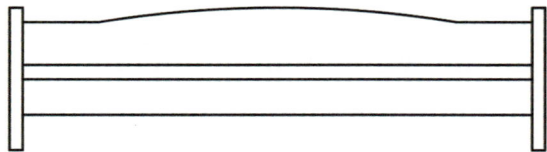

图6-2-3　床尾主视图

图6-2-4　床主视图

任务三　实木床左视图的绘制

知识目标：掌握实木床左视图的绘制方法。

能力目标：能根据效果图片完成实木床的左视图绘制。

在绘制实木床主视图中，根据床的结构，分为三个部分分别完成，在左视图绘制中，亦可以分为三个部分。

一、床头左视图

在左视图中，床头为高度1000mm，宽度为45mm的矩形，所以先绘制一个矩形。

在命令行输入"REC"，命令行提示"指定第一角点或[倒角（C）/标高（E）/圆角（F）/厚度（T）/宽度（W）]"，在图纸的任意位置鼠标左键选择一点，此时命令行提示"指定另一个角点或[面积（A）/尺寸（D）/旋转（R）]"，此时在命令行输入"@45，1000"绘制一个矩形，先确定床头左视图的外框。

在命令行输入"X"，命令行提示"选择对象"，选择绘制的矩形，然后点击空格，即将矩形分解为四条线段构成的矩形。

床头的横档和帽头厚度均为25mm，且居中于床头立边。

在命令行输入"O"，命令行提示"指定偏移距离或[通过（T）/删除（E）/图层（L）]"，输入"300"，命令行提示"选择要偏移的对象，或[退出（E）/放弃（U）]"，此时选择矩形底端地面水平线，向上移动鼠标，并再次点击鼠标左键。

在命令行输入"O"，命令行提示"指定偏移距离或[通过（T）/删除（E）/图层（L）]"，输入"10"，命令行提示"选择要偏移的对象，或[退出（E）/放弃（U）]"，此时分别选择矩形的两条垂直线，向矩形内部移动鼠标，并再次点击鼠标左键。

在命令行输入"TR"，命令行提示"选择对象或<全部选择>"，空格两次，然后用鼠标左键选择刚刚偏移出来两条线段和原有两条垂直线中间的一段水平线段。

在命令行输入"O"，命令行提示"指定偏移距离或[通过（T）/删除（E）/图层（L）]"，输入"175"，命令行提示"选择要偏移的对象，或[退出（E）/放弃（U）]"，此时选择刚刚剪切过留下的水平线，向上移动鼠标，并再次点击鼠标左键。

在命令行输入"O"，命令行提示"指定偏移距离或[通过（T）/删除（E）/图层（L）]"，输入"50"，命令行提示"选择要偏移的对象，或[退出（E）/放弃（U）]"，此时选择刚刚偏移的水平线，向上移动鼠标，并再次点击鼠标左键。

在命令行输入"O"，命令行提示"指定偏移距离或[通过（T）/删除（E）/图层（L）]"，输入"125"，命令行提示"选择要偏移的对象，或[退出（E）/放弃（U）]"，此时选择刚刚偏移的水平线，向上移动鼠标，并再次点击鼠标左键。

在命令行输入"O"，命令行提示"指定偏移距离或[通过（T）/删除（E）/图层（L）]"，输入"50"，命令行提示"选择要偏移的对象，或[退出（E）/放弃（U）]"，此时选择刚刚偏移的水平线，向上移动鼠标，并再次点击鼠标左键。

在命令行输入"O"，命令行提示"指定偏移距离或[通过（T）/删除（E）/图层（L）]"，输入"125"，命令行提示"选择要偏移的对象，或[退出（E）/放弃（U）]"，此时选择刚刚偏移的水平线，向上移动鼠标，并再次点击鼠标左键。

在命令行输入"O"，命令行提示"指定偏移距离或[通过（T）/删除（E）/图层（L）]"，输入"50"，命令行提示"选择要偏移的对象，或[退出（E）/放弃（U）]"，此时选择刚刚偏移的水平线，向上移动鼠标，并再次点击鼠标左键。

在命令行输入"O"，命令行提示"指定偏移距离或[通过（T）/删除（E）/图层（L）]"，输入"75"，命令行提示"选择要偏移的对象，或[退出（E）/放弃（U）]"，此时选择刚刚偏移的水平线，向上移动鼠标，并再次点击鼠标左键。

在命令行输入"O"，命令行提示"指定偏移距离或[通过（T）/删除（E）/图层（L）]"，输入"50"，命令行提示"选择要偏移的对象，或[退出（E）/放弃（U）]"，此时选择刚刚偏移的水平线，向上移动鼠标，并再次点击鼠标左键。

在命令行输入"TR"，命令行提示"选择对象或<全部选择>"，空格两次，然后用鼠标左键选择除了最上端的50mm高度的线段以外，所以50mm高的垂直线段和最下端的300mm高的垂直线段。

然后将最初始的矩形内所有线更改成"虚线"图层，即完成床头的左视图，如图6-3-1所示。

二、床身左视图

在左视图中，床身的尺寸为高度200mm，长度为2000mm。下端距离地面高度200mm。

在命令行输入"REC"，命令行提示"指定第一角点或[倒角（C）/标高

图6-3-1　床头左视图

（E）/圆角（F）/厚度（T）/宽度（W）]"，在图纸的任意位置鼠标左键选择一点，此时命令行提示"指定另一个角点或[面积（A）/尺寸（D）/旋转（R）]"，此时在命令行输入"@1800，400"绘制一个矩形，先确定床身左视图的外框。

在命令行输入"X"，命令行提示"选择对象"，选择绘制的矩形，然后点击空格，即将矩形分解为四条线段构成的矩形。

在命令行输入"O"，命令行提示"指定偏移距离或[通过（T）/删除（E）/图层（L）]"，输入"200"，命令行提示"选择要偏移的对象，或[退出（E）/放弃（U）]"，此时选择矩形底端地面水平线，向上移动鼠标，并再次点击鼠标左键。

在命令行输入"TR"，命令行提示"选择对象或<全部选择>"，空格两次，然后用鼠标左键选择刚刚偏移出来水平线以下的两条垂直线。

在命令行输入"O"，命令行提示"指定偏移距离或[通过（T）/删除（E）/图层（L）]"，输入"10"，命令行提示"选择要偏移的对象，或[退出（E）/放弃（U）]"，此时选择矩形顶端水平线，向下移动鼠标，并再次点击鼠标左键。

在命令行输入"O"，命令行提示"指定偏移距离或[通过（T）/删除（E）/图层（L）]"，输入"45"，命令行提示"选择要偏移的对象，或[退出（E）/放弃（U）]"，此时选择刚刚偏移的水平线，向下移动鼠标，并再次点击鼠标左键。

在命令行输入"REC"，命令行提示"指定第一角点或[倒角（C）/标高（E）/圆角（F）/厚度（T）/宽度（W）]"，选择刚刚偏移水平线的左端点，此时命令行提示"指定另一个角点或[面积（A）/尺寸（D）/旋转（R）]"，此时在命令行输入"@35，-45"绘制一个矩形。

在命令行输入"M"，命令行提示"选择对象"，选择刚刚绘制的矩形，命令行提示"指定基点或[位移（D）]<位移>"，选择矩形的左上角点，命令行提示"指定第二点或[使用第一点作为位移]："，向右拉动鼠标，输入"90"。即将矩形向右移动90mm。

在命令行输入"AR"，命令行提示"选择对象"，用鼠标选择刚才绘制完成的35×45的矩形，空格，命令行提示"输入阵列类型[矩形（R）/路径（PA）/极轴（PO）]<矩形>："，空格，命令行提示"选择夹点以编辑阵列或[关联（AS）/基点（B）/计数（COU）/间距（S）/列数（COL）/行数（R）/层数（L）/退出（X）]<退出>"，输入"COU"，命令行提示"输入列数数或[表达式（E）]<4>"，输入"8"，空格，命令行提示"输入行数数或[表达式（E）]<3>"，输入"1"，空格，命令行回到先前提示内容"选择夹点以编辑阵列或[关联（AS）/基点（B）/计数（COU）/间距（S）/列数（COL）/行数（R）/层数（L）/退出（X）]<退出>"，输入"S"，空格，命令行提示"指定列之间的距离或[单位单元（U）]<52.5>"，输入"255"，空格，命令行提示"指定行数之间的距离或[总计（T）/表达式（E）]<67.5>"，空格。

将大矩形内的所有线变成"虚线"图层，最终床身左视图如图6-3-2所示。

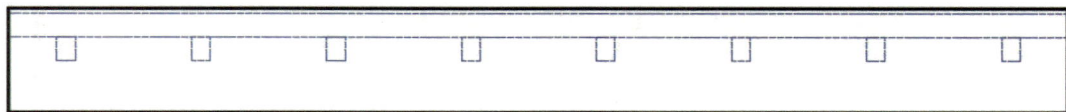

图6-3-2　床身左视图

三、床尾左视图

在左视图中，床尾为高度500mm，宽度为45mm的矩形，所以先绘制一个矩形。

在命令行输入"REC"，命令行提示"指定第一角点或[倒角（C）/标高（E）/圆角（F）/厚度（T）/宽度（W）]"，在图纸的任意位置用鼠标左键选择一点，此时命令行提示"指定另一个角点或[面积（A）/尺寸（D）/旋转（R）]"，此时在命令行输入"@45，500"绘制一个矩形，先确定床头左视图的外框。

在命令行输入"X"，命令行提示"选择对象"，选择绘制的矩形，然后点击空格，即将矩形分解为四条线段构成的矩形。

床尾的横档和帽头厚度均为25mm，且居中于床尾立边。

在命令行输入"O"，命令行提示"指定偏移距离或[通过（T）/删除（E）/图层（L）]"，输入"125"，命令行提示"选择要偏移的对象，或[退出（E）/放弃（U）]"，此时选择矩形底端地面水平线，向上移动鼠标，并再次点击鼠标左键。

在命令行输入"O"，命令行提示"指定偏移距离或[通过（T）/删除（E）/图层（L）]"，输入"125"，命令行提示"选择要偏移的对象，或[退出（E）/放弃（U）]"，此时选择矩形底端地面水平线，向上移动鼠标，并再次点击鼠标左键。

在命令行输入"O"，命令行提示"指定偏移距离或[通过（T）/删除（E）/图层（L）]"，输入"10"，命令行提示"选择要偏移的对象，或[退出（E）/放弃（U）]"，此时分别选择矩形的两条垂直线，向矩形内部移动鼠标，并再次点击鼠标左键。

在命令行输入"TR"，命令行提示"选择对象或<全部选择>"，空格两次，然后用鼠标左键选择刚刚偏移出来两条线段和原有两条垂直线中间的一段水平线段。

在命令行输入"O"，命令行提示"指定偏移距离或[通过（T）/删除（E）/图层（L）]"，输入"50"，命令行提示"选择要偏移的对象，或[退出（E）/放弃（U）]"，此时选择刚刚剪切过留下的水平线，向上移动鼠标，并再次点击鼠标左键。

在命令行输入"O"，命令行提示"指定偏移距离或[通过（T）/删除（E）/图层（L）]"，输入"125"，命令行提示"选择要偏移的对象，或[退出（E）/放弃（U）]"，此时选择矩形底端地面水平线，向上移动鼠标，并再次点击鼠标左键。

在命令行输入"O"，命令行提示"指定偏移距离或[通过（T）/删除（E）/图层（L）]"，输入"150"，命令行提示"选择要偏移的对象，或[退出（E）/放弃（U）]"，此时选择刚刚偏移的水平线，向上移动鼠标，并再次点击鼠标左键。

在命令行输入"TR"，命令行提示"选择对象或<全部选择>"，空格两次，然后用鼠标左键选择要删除的线段。

然后将最初始的矩形内所有线更改成"虚线"图层。即完成床尾的左视图，如图6-3-3所示。

四、整体左视图

在完成三个部分的左视图后，将三个部分整体组合，完成床的左视图，如图6-3-4所示。

图6-3-3　床尾左视图　　　　　　　　　　　　图6-3-4　床左视图

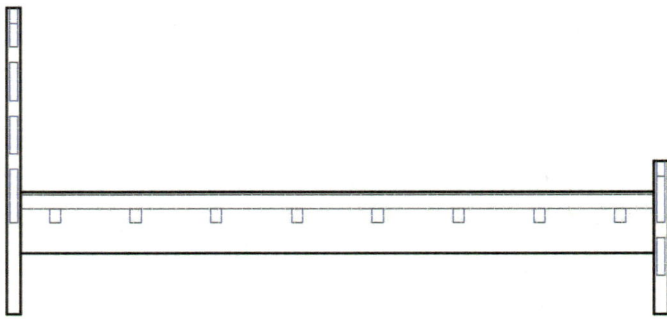

任务四　实木床俯视图的绘制

知识目标：掌握实木床俯视图的绘制方法。

能力目标：能根据效果图片完成实木床的俯视图绘制。

俯视图绘制时，也将床分为三个部分，即床头、床身和床尾。

一、床头俯视图

床头的俯视结构为左右两端两个矩形和中间两条直线构成，首先绘制矩形。

在命令行输入"REC"，命令行提示"指定第一角点或[倒角（C）/标高（E）/圆角（F）/厚度（T）/宽度（W）]"，在图纸的任意位置用鼠标左键选择一点，此时命令行提示"指定另一个角点或[面积（A）/尺寸（D）/旋转（R）]"，此时在命令行输入"@45，45"绘制一个矩形，先确定床头的腿。

在命令行输入"CO"，命令行提示"选择对象"，空格，命令行提示"指定基点或[位移（D）/模式（O）]"，选择矩形上任意一点，向右拉动鼠标，命令行提示"指定第二点或[阵列（A）]<使用第一点作为位移>"，输入"1755"，空格。

此时完成床头的两条腿的俯视图。再绘制出横档和帽头的两条线。以矩形之间的中心线向两侧偏移12.5mm。

在命令行输入"L"，命令行提示"指定第一个点"，此时用鼠标捕捉左侧矩形右端垂直线的中点，命令行提示"指定下一点或[放弃（U）]"，再用鼠标捕捉右侧矩形左端垂直线中点。绘制出一条线段。

在命令行输入"O"，命令行提示"指定偏移距离或[通过（T）/删除（E）/图层（L）]"，输入"12.5"，命令行提示"选择要偏移的对象，或[退出（E）/放弃（U）]"，此时选择刚刚绘制的线段，向上和向下分别移动鼠标，并再次点击鼠标左键。绘制完成帽头和横档的俯视图。

在命令行输入"E"，命令行提示"选择对象"，此时选择两条线中间的线段，空格。将中间的线删除掉即完成床头的俯视图绘制，如图6-4-1所示。

图6-4-1　床头俯视图

二、床身俯视图

床身是由两个床侧和多条实木条十字搭接的，所以在绘制时首先将床侧绘制出来。

在命令行输入"REC"，命令行提示"指定第一角点或[倒角（C）/标高（E）/圆角（F）/厚度（T）/宽度（W）]"，在图纸的任意位置用鼠标左键选择一点，此时命令行提示"指定另一个角点或[面积（A）/尺寸（D）/旋转（R）]"，此时在命令行输入"@25，2000"绘制一个矩形，先绘制一个床侧。

在命令行输入"CO"，命令行提示"选择对象"，空格，命令行提示"指定基点或[位移（D）/模式（O）]"，选择矩形上任意一点，向右拉动鼠标，命令行提示"指定第二点或[阵列（A）]<使用第一点作为位移>"，输入"1775"，空格。完成两个床侧的绘制。

在命令行输入"REC"，命令行提示"指定第一角点或[倒角（C）/标高（E）/圆角（F）/厚度（T）/宽度（W）]"，在床侧矩形的右上角的捕捉端点，水平向右拉动鼠标，输入"50"，此时命令行提示"指定另一个角点或[面积（A）/尺寸（D）/旋转（R）]"，此时在命令行输入"@35，-2000"绘制一个矩形，为其中一条床板架。

然后采用阵列的方法绘制其他床板架，在命令行输入"AR"，命令行提示"选择对象"，用鼠标选择刚才绘制完成的35×2000的矩形，空格，命令行提示"输入阵列类型[矩形（R）/路径（PA）/极轴（PO）]<矩形>"空格，命令行提示"选择夹点以编辑阵列或[关联（AS）/基点（B）/计数（COU）/间距（S）/列数（COL）/行数（R）/层数（L）/退出（X）]<退出>"，输入"COU"，命令行提示"输入列数数或[表达式（E）]<4>"，输入"20"，空格，命令行提示"输入行数数或[表达式（E）]<3>"，输入"1"，空格，命令行回到先前提示内容"选择夹点以编辑阵列或[关联（AS）/基点（B）/计数（COU）/间距（S）/列数（COL）/行数（R）/层数（L）/退出（X）]<退出>"，输入"S"，空格，命令行提示"指定列之间的距离或[单位单元（U）]<52.5>"，输入"85"，空格，命令行提示"指定行数之间的距离或[总计（T）/表达式（E）]<67.5>"，空格。即完成床板架的绘制。

在床板架的下端，也有一排龙骨，该龙骨也采用矩形阵列的方式即可完成绘制。在命令行输入"REC"，命令行提示"指定第一角点或[倒角（C）/标高（E）/圆角（F）/厚度（T）/宽度（W）]"，在床侧矩形的右上角的捕捉端点，水平向下拉动鼠标，输入"90"，此时命令行提示"指定另一个角点或[面积（A）/尺寸（D）/旋转（R）]"，此时在命令行输入"@1750，-35"绘制一个矩形，为其中一条龙骨。

在命令行输入"TR"，然后敲击两次空格，将被床板架盖住的龙骨部分剪切掉。

变换"虚线"图层，在命令行输入"L"，然后将原剪切掉的线重新绘制成虚线。

将刚刚绘制的矩形组合成块，在命令行输入"B"，弹出"块定义"对话框，在名称栏中写"龙骨"，点击"选择对象"，正向框选刚刚绘制的虚实线矩形，空格，点击确定。

然后采用阵列的方法绘制其他床板架，在命令行输入"AR"，命令行提示"选择对象"，用鼠标选择刚才绘制完成的35×1750的矩形，空格，命令行提示"输入阵列类型[矩形（R）/路径（PA）/极轴（PO）]<矩形>"，空格，命令行

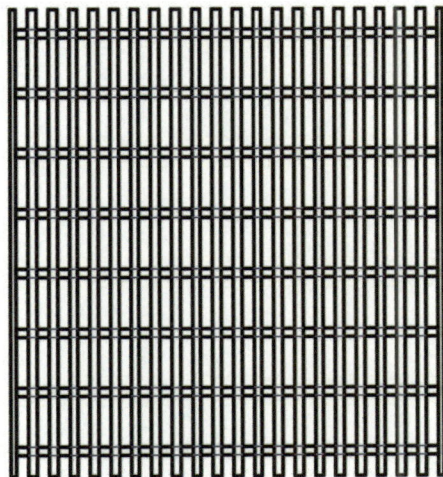

图6-4-2　床身俯视图

提示"选择夹点以编辑阵列或[关联（AS）/基点（B）/计数（COU）/间距（S）/列数（COL）/行数（R）/层数（L）/退出（X）]<退出>"，输入"COU"，命令行提示"输入列数数或[表达式（E）]<4>"，输入"1"，空格，命令行提示"输入行数数或[表达式（E）]<3>"，输入"8"，空格，命令行回到先前提示内容"选择夹点以编辑阵列或[关联（AS）/基点（B）/计数（COU）/间距（S）/列数（COL）/行数（R）/层数（L）/退出（X）]<退出>"，输入"S"，空格，命令行提示"指定列之间的距离或[单位单元（U）]<2625>"，空格，命令行提示"指定行数之间的距离或[总计（T）/表达式（E）]<67.5>"，输入"-255"，空格。即完成床板龙骨的绘制。

最终床身俯视图如图6-4-2所示。

三、床尾俯视图

床尾的俯视结构为左右两端两个矩形和中间两条直线构成，首先绘制矩形。

在命令行输入"REC"，命令行提示"指定第一角点或[倒角（C）/标高（E）/圆角（F）/厚度（T）/宽度（W）]"，在图纸的任意位置用鼠标左键选择一点，此时命令行提示"指定另一个角点或[面积（A）/尺寸（D）/旋转（R）]"，此时在命令行输入"@45，45"绘制一个矩形，先确定床尾的腿。

在命令行输入"CO"，命令行提示"选择对象"，空格，命令行提示"指定基点或[位移（D）/模式（O）]"，选择矩形上任意一点，向右拉动鼠标，命令行提示"指定第二点或[阵列（A）]<使用第一点作为位移>"，输入"1755"，空格。

此时完成床尾的两条腿的俯视图。再绘制出横档和帽头的两条线。以矩形之间的中心线向两侧偏移12.5mm。

在命令行输入"L"，命令行提示"指定第一个点"，此时用鼠标捕捉左侧矩形右端垂直线的中点，命令行提示"指定下一点或[放弃（U）]"，再用鼠标捕捉右侧矩形左端垂直线中点。绘制出一条线段。

在命令行输入"O"，命令行提示"指定偏移距离或[通过（T）/删除（E）/图层（L）]"，输入"12.5"，命令行提示"选择要偏移的对象，或[退出（E）/放弃（U）]"，此时选择刚刚绘制的线段，向上和向下分别移动鼠标，并再次点击鼠标左键。绘制完成帽头和横档的俯视图。

图6-4-3　床尾俯视图

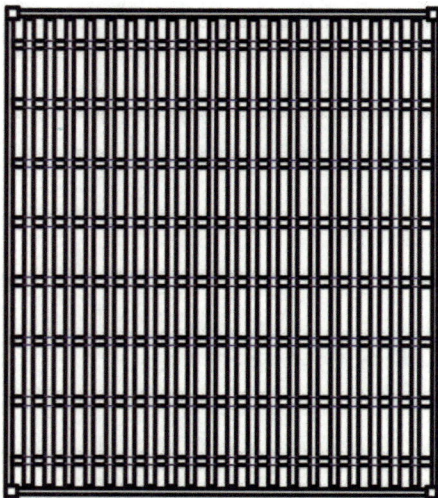

图6-4-4　床俯视图

在命令行输入"E"，命令行提示"选择对象"，此时选择两条线中间的线段，空格，将中间的线删除掉，即完成床尾的俯视图绘制，如图6-4-3所示。

四、整体俯视图

将床体的三个部分的俯视图结合起来即是床的俯视图，如图6-4-4所示。

任务五　实木床剖视图的绘制

知识目标：掌握实木床剖视图的绘制方法。

能力目标：能根据实木床的结构方式进行剖切绘制。

对于实木床，三视图不能完全将其结构形式表示清楚。为了更清晰的表达，需要对其进行剖切，并绘制出剖视图。下面分别对床的三个视图进行剖切。

实木床的主视图因其分为三个部分，床头、床身和床尾，因为每一部分的连接方式都要局部细化，才能更完整地展示出其结构和连接方式，所以分别对不同部分进行剖切图绘制。

一、床头剖切图

床头和床尾的结构几乎相同，均采用直角不贯通双面切肩榫，在绘制其结构装配图纸时均采用主视图和俯视图半剖切的形式。

首先在主视图和俯视图中绘制剖切线，剖切线左端为正常的视图，剖切线右端为将零部件剖切后的形式，这里需要将帽头、横档和立柱进行填充，因为帽头、横档和立腿之间的连接方式采用双面切肩不贯通直角榫，所以剖切后可以看到榫头的存在形式。这里需要将榫头绘制出来，并且同样进行填充，但是填充的图案要进行区分，如图6-5-1即为床头的剖切视图。

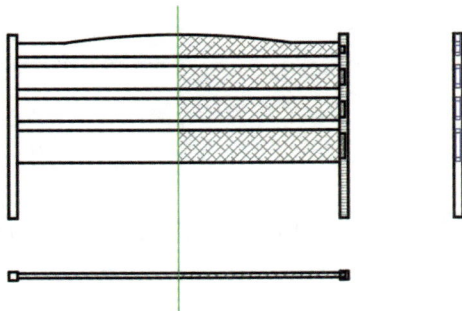

图6-5-1　床头剖切图

二、床身剖切图

床身采用五金件连接，在绘制结构装配图纸时不需要绘制出五金件的形式，所以，床身采用主视图全剖、左视图半剖、俯视图局部剖切就能表示出结构形式，如图6-5-2所示。

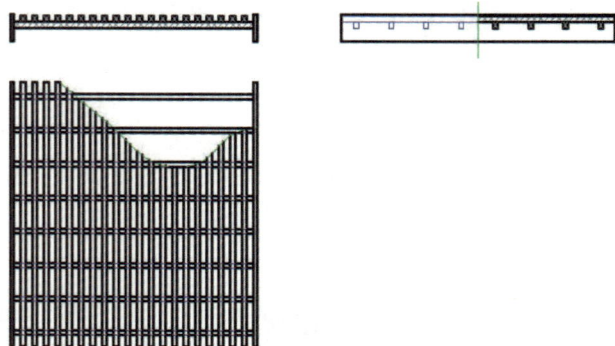

图6-5-2　床身剖切图

主视图剖切后，需要将床板实木端头、龙骨木方和床侧在剖切后的填充效果设置不同，来区分不同零部件。

左视图剖切时，首先绘制半剖切的点画线，左半部分视图为正常三视图，右半部分视图为剖切后的视图，需要将被剖切部分进行填充处理。

俯视图采用局部剖切，剖切时在俯视图中绘制一条不规则曲线（可以采用样条曲线绘制），然后根据剖切的位置绘制出留下的部分。

三、床尾剖切图

将床尾三视图用点画线在宽度方向上进行等分分割，将图层更改为"点画线"图层（图6-5-3）。

剖切线绘制完成后，剖切线左端为正常的视图，剖切线右端为将零部件剖切后的形式，这里需要将帽头、横档和立柱进行填充，填充原则与床头相同。如图6-5-4即为床尾的剖切视图。

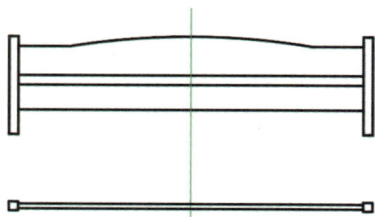

图6-5-3　剖切线的绘制

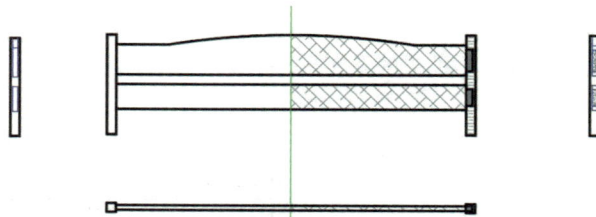

图6-5-4　床尾剖切图

任务六　实木床局部详图的绘制

知识目标：掌握实木床局部详图的绘制方法。

能力目标：能根据实木床的结构方式进行局部详图绘制。

局部详图，又名大样图，即在图纸中有些局部的细节，在整张图纸中显示太小，但又非常重要，这时通常采用局部详图的绘制方法。

在本项目的实木床中，有3个细节位置需要绘制局部详图，第一个是床头剖切图的主视图中榫卯位置，第二个是床头剖视图的俯视图中榫卯位置，第三个是床尾剖切图的俯视图中榫卯位置。前两者可以通过床头剖视图统一表示出来，后者绘制在床尾的剖视图中。

一、床头榫卯局部详图

首先在床头剖切三视图中将要局部放大的位置附近画实线圆圈，中间写上数字，作为详图的索引标志，如图6-6-1所示，代表第3个局部详图。局部详图边缘断开部分画双折线（图6-6-2），一般应画成水平或垂直方向，并略超出轮廓线外，空隙处不要画双折线。

图6-6-1　局部详图标识

图6-6-2　双折线

在相应的局部详图附近画上一个粗实线圆圈，中间写相同的数字以便对应查找。粗实线圆圈外右侧中间画一条水平细实线，上面写局部详图采用的比例，如图6-6-3所示。

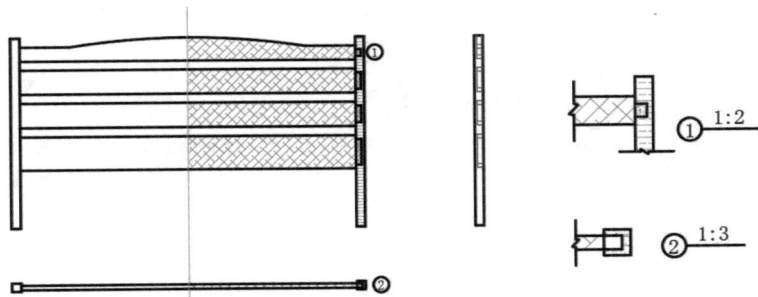

图6-6-3　床头榫卯局部详图

二、床尾榫卯局部详图

床尾榫卯的局部详图与床头的一致，也是采用局部放大的方式，如图6-6-4所示。

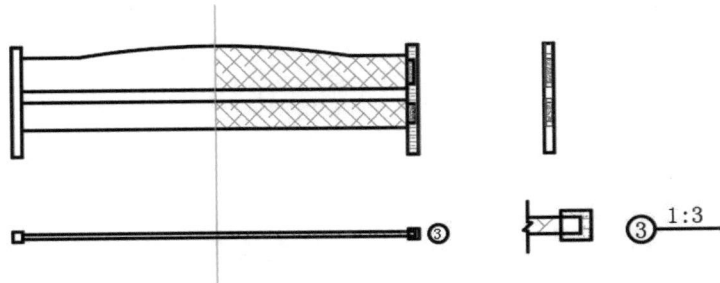

图6-6-4　床尾局部详图

任务七　实木床的尺寸标注

知识目标：掌握实木床的尺寸标注方法。

能力目标：能对实木床剖视图进行尺寸标注。

一、标注样式修改

在进行标注时，首先需要对标注样式进行调整。在图层管理器中选择"标注线"图层，然后在命令行输入"DST"，弹出标注样式对话框，如图6-7-1所示。

标注样式管理器中标注样式默认为"ISO-25"，点击修改后进入"修改标注样式：ISO-25"界面，如图6-7-2所示。

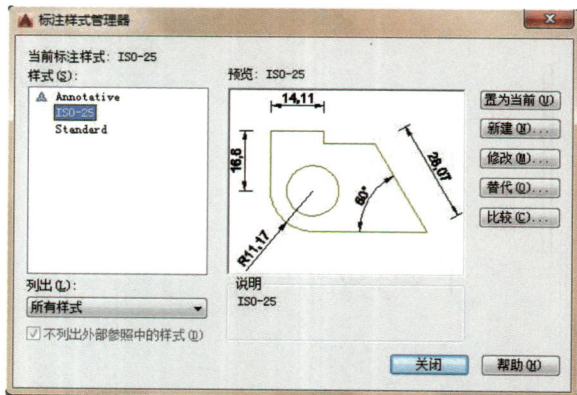

图6-7-1　标注样式管理器

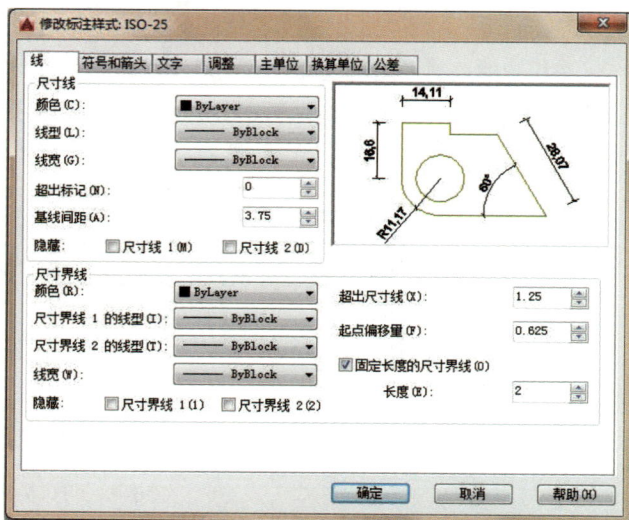

图6-7-2　修改标注样式：ISO-25

在标注样式的修改中，需要分别对尺寸界限的长度、符号和箭头大小、文字大小和调整全局比例进行修改。

首先选择"线"按钮，在该界面中将"固定长度的尺寸界限（O）"勾选上，然后在下方"长度（E）"后面修改为"2"。此项修改后的标注界限不会与图纸线相重合。

在"符号和箭头"栏中，将"箭头"第一个和第二个都选择成"/倾斜"，将箭头大小改成"1"，如图6-7-3所示。

在"文字"栏中，将"文字高度"改成"2.5"（默认），如图6-7-4所示。

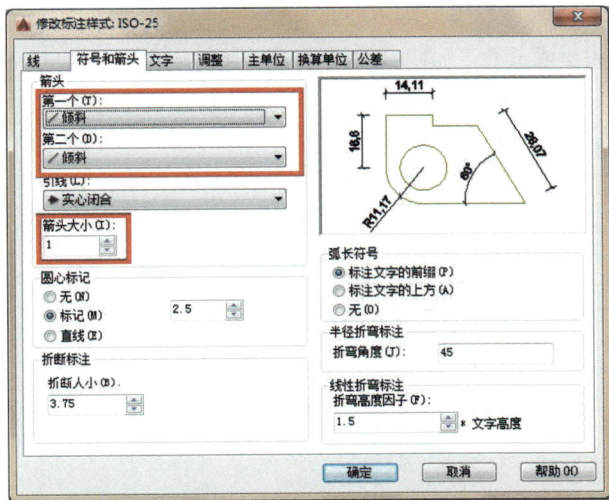

图6-7-3　修改标注样式：ISO-25-符号和箭头

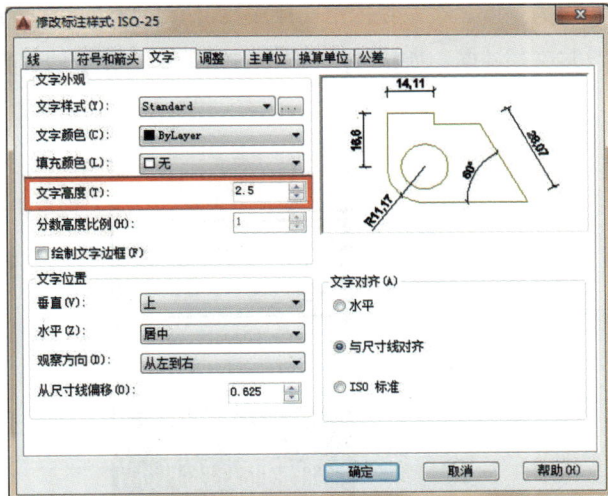

图6-7-4　修改标注样式：ISO-25-文字

在"调整"栏中，将"调整全局比例"后面的数字更改为图纸比例即可，如图6-7-5所示。

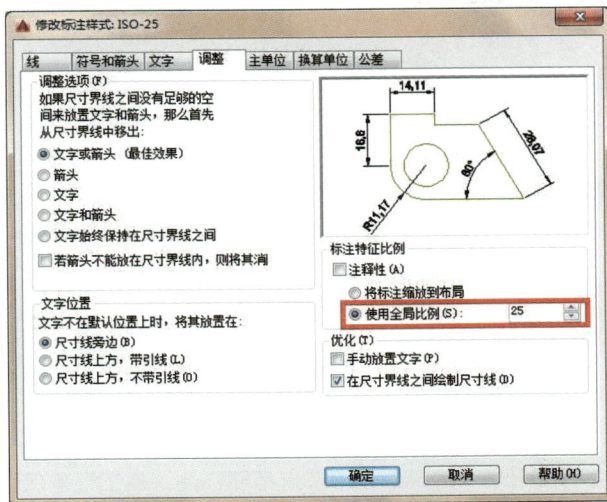

图6-7-5　修改标注样式：ISO-25-调整

二、尺寸标注

实木床的绘制有三视图、组件剖视图和局部详图三种类型的图纸，标注也需要分别在这三种图纸上完成。

1.床的三视图标注

床的三视图标注是根据床的整体三视图完成的，因为床体的结构较为复杂，同时伴有剖视图，所以在床的三视图标注时只需要对相应的外形尺寸标注。在主视图中标注床的宽度方向尺寸，分别为床腿的宽度，帽头和横档的宽度。在左视图中标注床深度方向尺寸和高度方向尺寸，分别为床头厚度和高度，床尾厚度和高度，床身长度和高度。标注时尺寸界限不允许与图纸中的轮廓线相交或重叠，如图6-7-6所示。

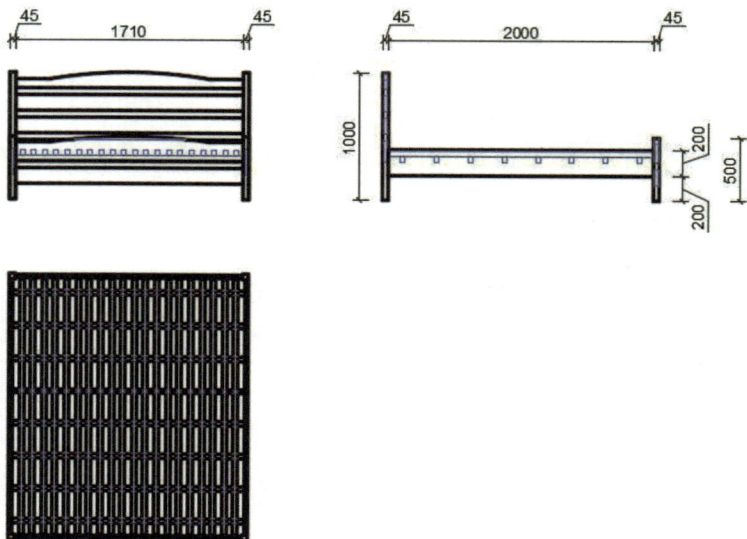

图6-7-6　床的三视图标注

2.床的剖视图标注

因为剖视图是非常详细的结构装配图纸，所以剖视图的标注需要十分详尽且不可遗漏。

在绘制床的剖视图时，采用组件绘制的方式，即床头、床身和床尾三个部分。所以在剖视图标注时也分别标注。

（1）床头剖视图标注。

床头剖视图标注采用三排标注，即高度尺寸、宽度尺寸和深度尺寸。

在高度尺寸标注时，在主视图左侧一排，每一个节点标注一次，最后的加工误差保留到床腿上，然后标注整体高度尺寸。

在宽度尺寸标注时，在主视图上端一排，每一个节点都要标注，加工误差保留在整体尺寸中。

在深度尺寸中，标注腿的厚度和横档的厚度。

在剖视图的榫接合部位标出榫头的长度和宽度，榫肩的大小即可。如果采用了局部详图的位置，可在局部详图中标注。

圆弧部位要采用半径标注的方式。

剖视图的标注如图6-7-7所示。

（2）床身剖视图标注。

床身的剖视图标注采用三排标注，即主视图水平一排、主视图垂直一排和左视图水平一排，就能表示出床身的宽度、高度和深度。

因为床板和龙骨的结构都是阵列得到的，所以在标注时只需要标注一个床板、龙骨的尺寸和间隙尺寸，如图6-7-8所示。

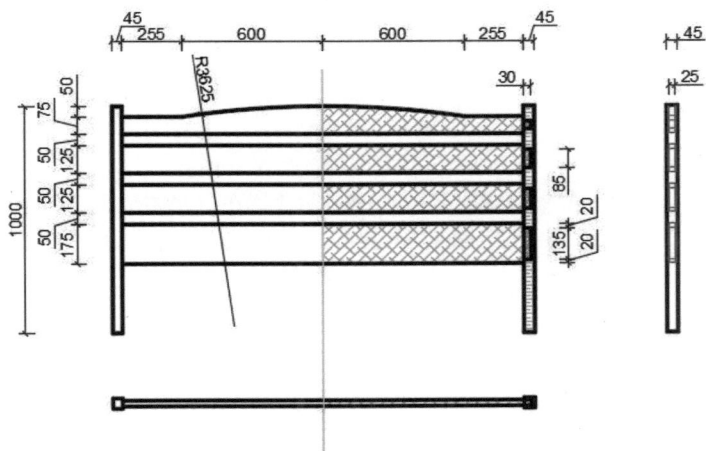

图6-7-7　床头剖视图尺寸标注

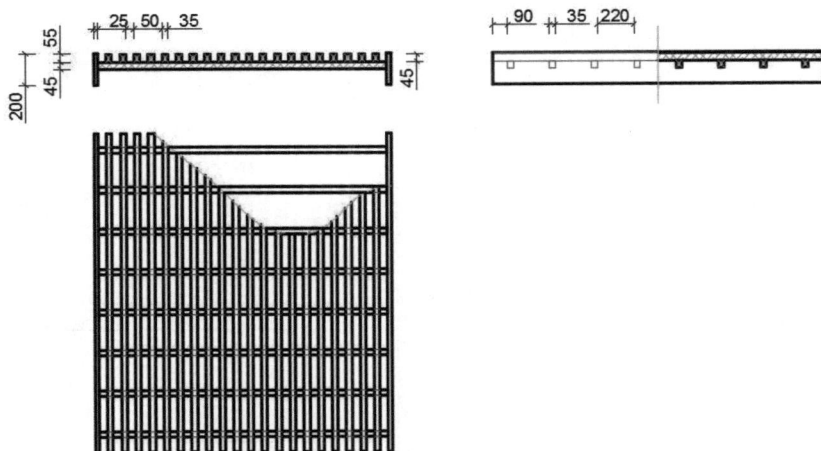

图6-7-8　床身剖视图标注

（3）床尾剖视图标注。

床尾的标注方式同床头，如图6-7-9所示。

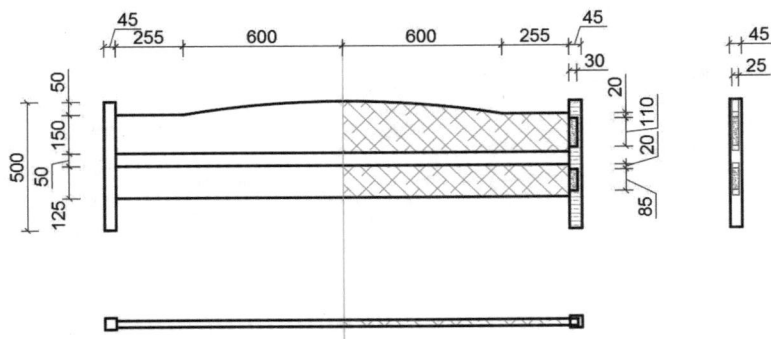

图6-7-9　床尾剖视图标注

3.床的局部详图标注

在床中有三个局部详图，分别为床头主视图中榫卯结构局部详图、床头俯视图中榫卯结构局部详图和床尾俯视图中榫卯结构局部详图。

（1）床头局部详图。

局部详图是根据比例关系放大的一种图，需要和剖视图放置在一张图纸上，但是因为采用了比例放大的原因，在标注尺寸时也随之变大，那么对局部详图进行标注时需要更改标注样式。

命令行输入"DST"，弹出标注样式对话框，如图6-7-10所示。

标注样式管理器中标注样式默认为"ISO-25"，然后点击"新建"后进入"创建新标注样式"对话框，如图6-7-11所示。

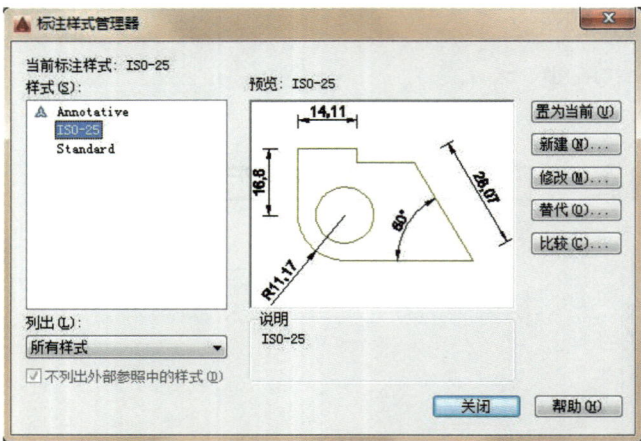

图6-7-10　标注样式管理器

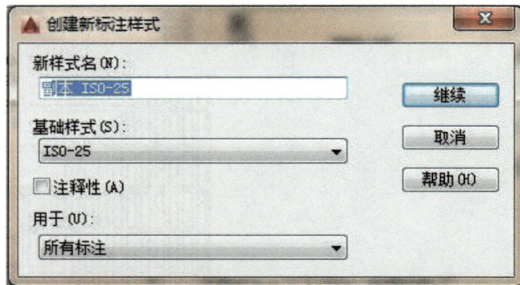

图6-7-11　创建新标注样式

将新样式名更改为"局部详图1"。点击"继续"，弹出"修改标注样式：局部详图1"对话框。点击"主单位"，进入界面如图6-7-12所示。

将测量单位比例的"比例因子"更改为"0.5"，点击"确定"即可完成标注样式调整。此时再对局部详图进行标注时，标注尺寸会变成实际尺寸。

如果局部详图是原图放大3倍，则需要将比例因子更改为"0.33333"即可。

局部详图的标注是剖视图标注的延伸，将正常图纸展现过小的地方进行局部放大，所以标注尺寸时只标注所需尺寸。如图6-7-13即为床头剖视图和局部详图的图纸。

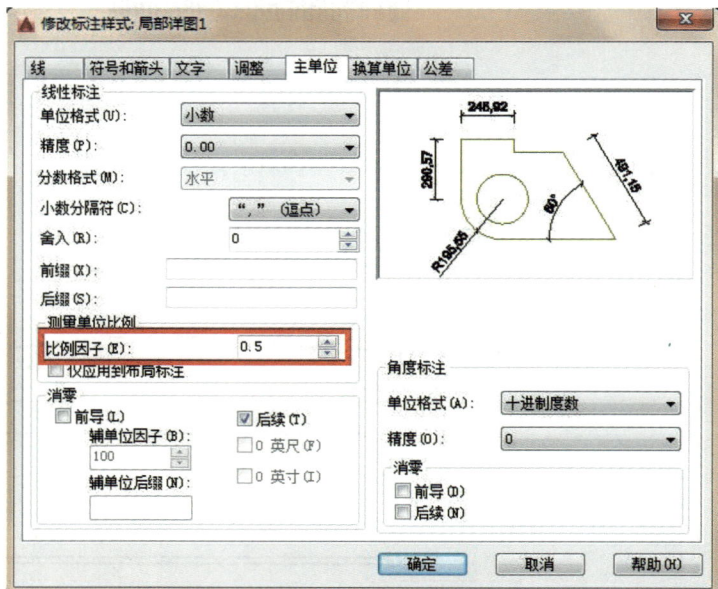

图6-7-12　修改标注参数

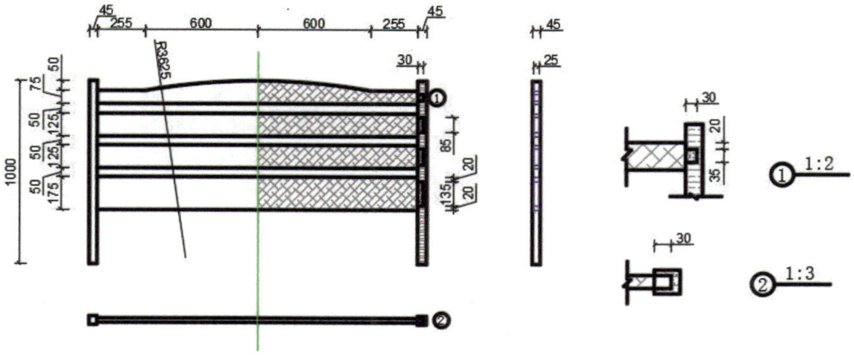

图6-7-13　床头剖视图和局部详图标注

（2）床尾局部详图。

床尾的局部详图与床头②号局部详图一致，所以需要将"比例因子"调整为"0.33333"，最终床尾剖视图和局部详图如图6-7-14所示。

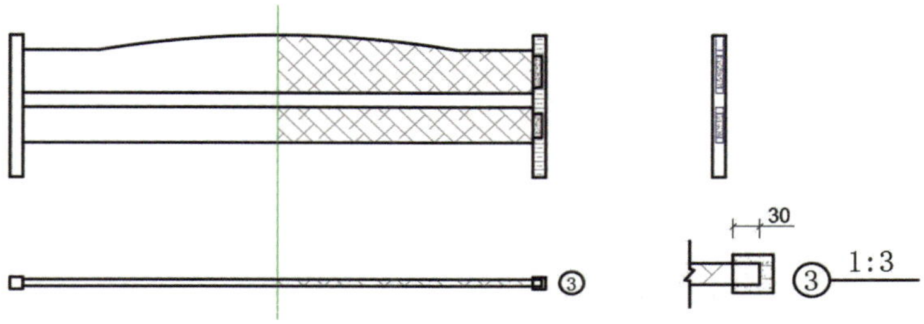

图6-7-14　床尾剖视图和局部详图标注

实训练习

完成下图中床的三视图与剖视图。

项目七　沙发的绘制

沙发是主要的坐类家具，是客厅家具的主要组成部分，也是消除疲劳的休息用品。现如今的沙发款式多种多样，已成为人们生活中的必需品。通过本案例的学习，大家将会熟悉沙发类家具的尺寸要求，加深对二维绘图命令的掌握，能熟练绘制沙发的三视图。

任务一　沙发三视图的绘制

知识目标：掌握组合沙发的三视图的绘制方法。

能力目标：能综合沙发结构与AutoCAD相关知识绘制沙发的三视图。

一、案例分析

本案例要求绘制组合沙发的三视图。主要应用的命令包括：矩形（REC）、复制（CO）、修剪（TR）、移动（M）、圆角（F）、镜像（MI）等命令。

二、设置绘图环境

（1）新建文档：打开中文AutoCAD2016，新建一个文档。

（2）设置图形单位：单击菜单"格式—单位"（或者输入UN命令），打开"图形单位"对话框，将单位设置为"mm"后，点击"确定"按钮结束。

（3）创建图层：点击工具栏的"图层特性"（或者输入LA命令），创建图层，如图7-1-1所示。

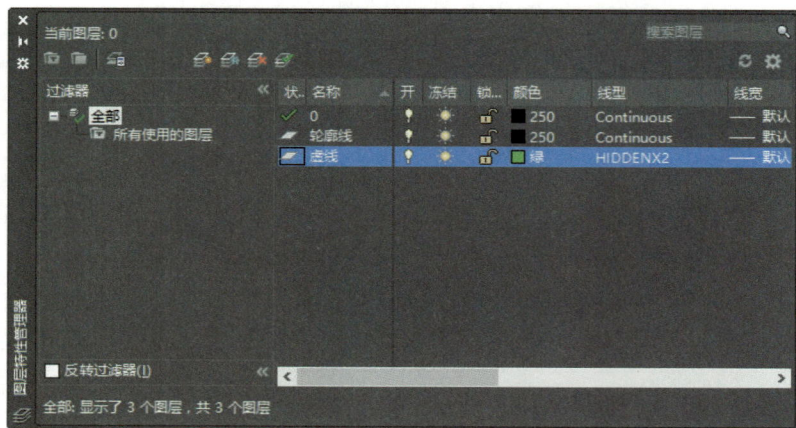

图7-1-1　图层特性管理

① 轮廓线图层：颜色为黑色，线型为实体线，线宽默认。
② 虚线图层：颜色为绿色，线型为虚线，线宽默认。

三、组合沙发主视图的绘制

将图层切换到"轮廓线"图层。在命令行里输入"REC"，按空格确定，激活矩形命令。通过鼠标捕捉屏幕上任意一点，之后输入"D"来利用尺寸绘制。指定矩形的长为600，按空格确定。指定矩形的宽为800，按空格确定。之后用鼠标随意在空白处点击，得到一个长为600，宽为800的矩形。

命令行里输入"X"，按空格确认，框选矩形，空格确认，将矩形分解。

在命令行里输入"O"，按空格确定，输入偏移量140，按空格确定，选择上一步所作矩形的最下沿直线，鼠标点击其上方任意一点，完成偏移。

在命令行里输入"O"，按空格确定，输入偏移量160，按空格确定，选择上一步所作直线，鼠标点击其上方任意一点，完成偏移。单体沙发的绘制效果如图7-1-2所示。

在命令行里输入"CO"，按空格确定，激活复制命令，选择所画的所有元素，按空格确定。选择所绘制图元的左上方一点，选择要复制到的一点，即原有图元的右上方一点，完成第二部分沙发的复制。再选择所复制图元的最右上方一点，完成主视图上沙发座位的绘制，如图7-1-3所示。

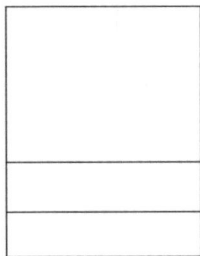

图7-1-2　单体沙发的绘制　　　　　　　　图7-1-3　组合沙发的绘制1

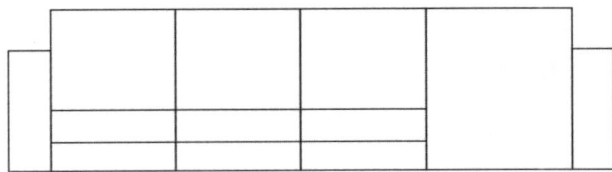

在命令行里输入"REC"，按空格确定，激活矩形命令。点击图7-1-3右上方一点，作为矩形的起始点。输入"D"，按尺寸输入矩形的长宽，分别为700mm和800mm。鼠标点击图元下侧任意一点完成矩形的绘制，如图7-1-4所示。

在命令行里输入"REC"，按空格确定，激活矩形命令。选择上述图元的右下方一点，输入"D"，按尺寸绘制，输入长为200mm，宽为600mm，点击图元的上方任意一点，完成沙发右侧扶手的绘制。

同样的命令在左侧也绘制一遍，将左侧的扶手绘制出来，如图7-1-5所示。

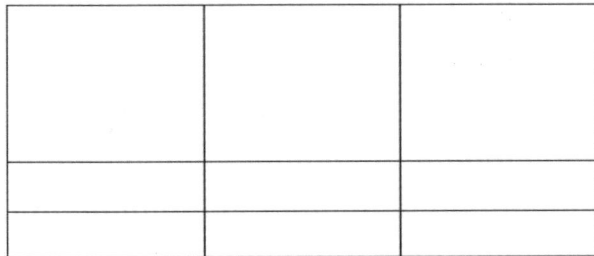

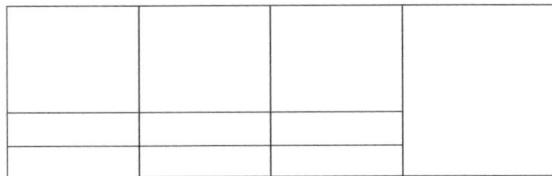

图7-1-4　组合沙发的绘制2　　　　　　　　图7-1-5　扶手的绘制

在命令行里输入"X"，按空格确定，选择右侧扶手的矩形，空格确定，进行分解。

在命令行里输入"EX"，按空格确定，激活延长命令。以右侧扶手的外侧边缘为边界，将主视图上代表坐垫的两条线延长，如图7-1-6所示。

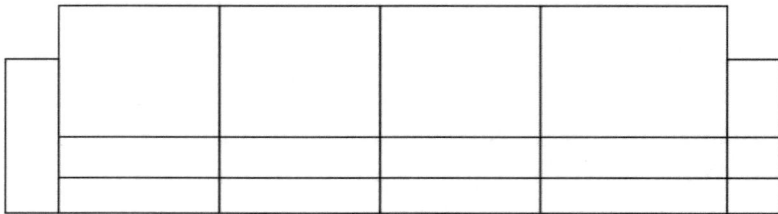

图7-1-6 右侧坐垫的绘制1

在命令行里输入"TR"，按两次空格确定，激活剪切命令。选择坐垫线条与扶手相交部分的垂直线条，进行剪切，如图7-1-7所示。

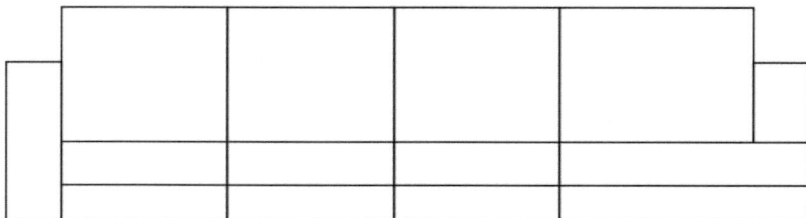

图7-1-7 右侧坐垫的绘制2

将图层切换到"虚线"图层，在命令行里输入"L"，按空格确定，选择剪切的位置点，绘制垂直的直线，与沙发最下面的直线相交，如图7-1-8所示。

接下来绘制沙发脚。将图层切换到"轮廓线"，在命令行输入"REC"，按空格确定，激活矩形命令。在空白处任意点击一点，输入"D"，按尺寸输入，输入"30"和"70"。点击任意一点确定。按空格重复上一步命令，激活矩形命令。在空白处任意点击一点，输入"D"，按尺寸输入，输入"40"和"10"。点击任意一点确定。

在命令行里输入"M"，按空格确定，激活移动命令。将两个矩形移动，使得第一个矩形的下侧直线中点与第二个矩形上侧直线中点重合。

在命令行里输入"M"，按空格确定，激活移动命令。将两个矩形同时选择，使得第一个矩形的上侧直线中点与沙发左侧扶手直线中点重合，如图7-1-9所示。

在命令行输入"CO"，按空格确定，将沙发脚的图元进行复制，分别复制到右侧扶手的中点及右侧第二个沙发与第一个沙发的交点处。

在命令行输入"M"，按空格确定，激活移动命令。选择交点下方的沙发脚，将其向右侧移动，输入移动的长度为85，如图7-1-10所示。

在命令行输入"F"，按空格确定，激活圆角命令，对主视图进行修剪，修剪半径为25，然后输入"TR"，按两次空格确定，将多余的线条剪切，完成沙发主视图的绘制，如图7-1-11所示。

图7-1-8　右侧坐垫的绘制3

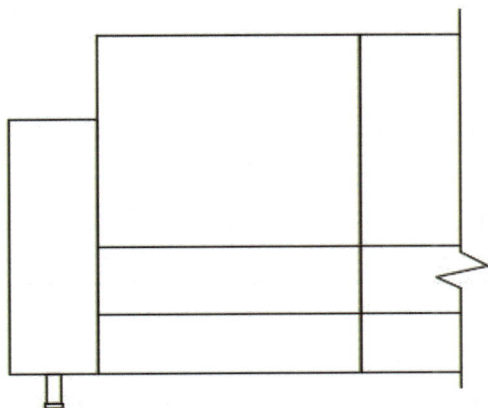

图7-1-9　沙发脚的绘制

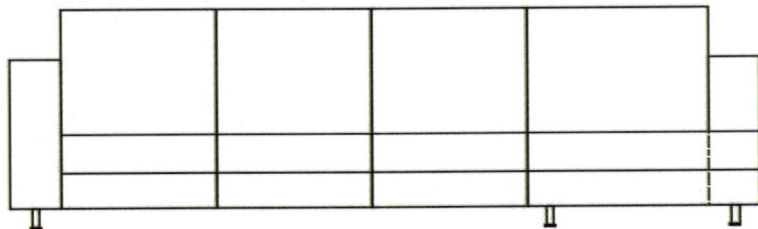

图7-1-10　沙发脚的复制

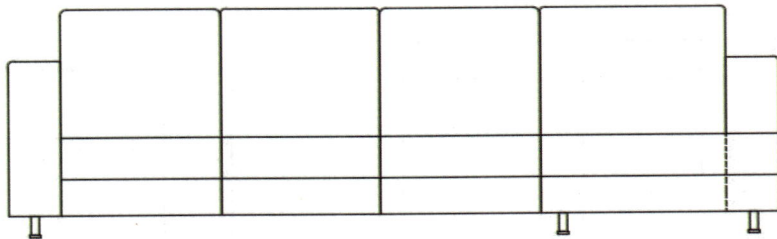

图7-1-11　沙发的主视图

四、组合沙发俯视图的绘制

在命令行里输入"REC"，按空格确定，激活矩形命令。以沙发的主视图最左侧直线正下方一点为起始点，输入"D"，按尺寸输入矩形，分别输入"2900"和"800"。绘制沙发的俯视外形尺寸，如图7-1-12所示。

在命令行输入"X"，按空格确定，选择上一步所绘制的矩形，进行分解。

在命令行输入"O"，按空格确定，输入偏移量200，空格确定，选择矩形上侧直线，向下偏移。

在命令行里输入"EX"，按空格确定，激活延伸命令，选择矩形下侧直线为延伸的边界，选取主视图中垂直的直线，进行延伸。

在命令行里输入"TR"，按两次空格确定，激活剪切命令，将两个视图之间的直线全部剪切，将两侧扶手之间的线条也全部剪切，如图7-1-13所示。

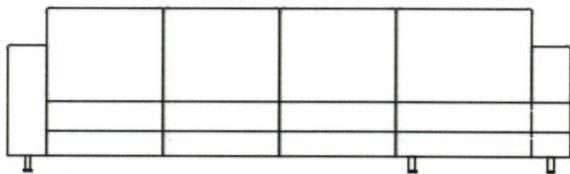

图7-1-12　沙发的俯视图外形尺寸

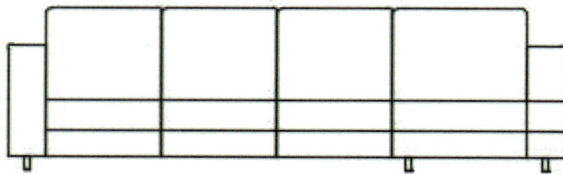

图7-1-13　沙发的俯视图修剪

在命令行输入"REC"，按空格确定，激活矩形命令。选择俯视图右下方的两线交点。输入"D"，按尺寸输入900和900，点击左侧任意一点，完成绘制。如图7-1-14所示。

在命令行里输入"C"，按空格确定，激活圆命令。绘制半径为20和15的同心圆，代表沙发脚。输入"M"，按空格确定，激活移动命令。将同心圆移动到合适位置，如图7-1-15所示。

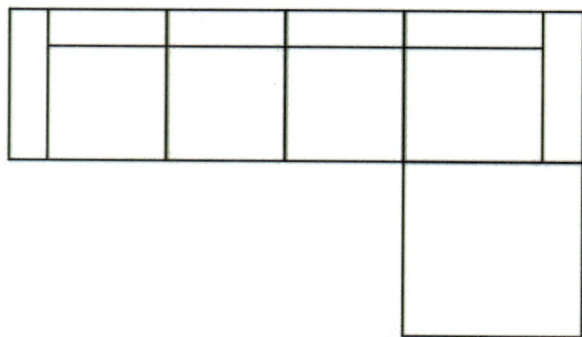

图7-1-14　沙发的俯视图绘制

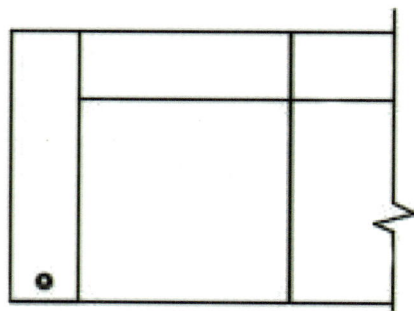

图7-1-15　沙发脚的俯视图

在命令行里输入"MI"，按空格确定，激活镜像命令。将沙发脚分别镜像到同侧扶手的上侧和另一侧的扶手内，如图7-1-16所示。

在命令行输入"M"，按空格确定，激活移动命令。将沙发脚移动到右下矩形的指定位置。距离一侧的距离为85，深度为40，如图7-1-17所示。

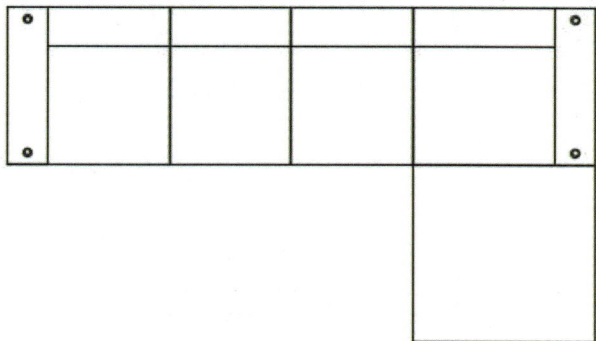

图7-1-16　沙发脚的俯视图镜像

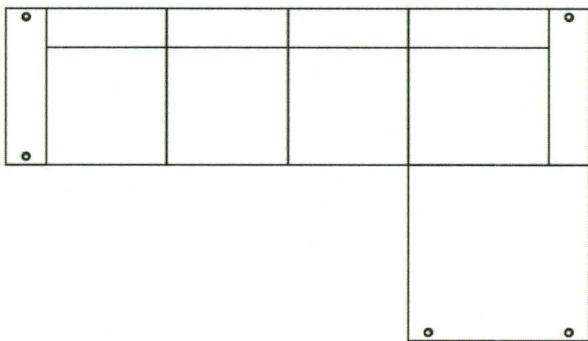

图7-1-17　沙发脚的俯视图移动

在命令行输入"F"，按空格确定，激活圆角命令。半径为25，对俯视图进行修剪，完成俯视图的绘制，如图7-1-18所示。

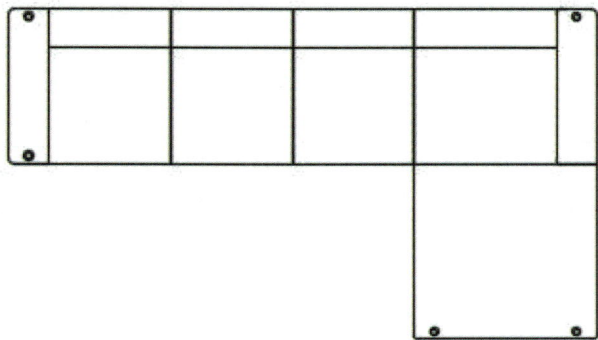

图7-1-18　沙发俯视图的最终绘制

五、组合沙发左视图的绘制

在命令行输入"REC"，按空格确定，激活矩形命令。选择主视图扶手上沿的直线的右侧一点，输入"D"，按尺寸输入。分别输入长为800，宽为600，绘制矩形，如图7-1-19所示。

在命令行输入"X"，按空格确定，激活分解命令，选择上一步所作矩形，进行分解。

在命令行输入"REC"，按空格确定，激活矩形命令。以矩形左下角一点为起始点，输入"D"，按尺寸输入长为200，宽为800，点击图元的右上方任意一点完成绘制，如图7-1-20所示。

在命令行输入"TR"，按两次空格确定，激活剪切命令。靠背延伸进内部空间的部分剪切，图层切换到"虚线"图层。在命令行里输入"L"，将剪切的部分用虚线绘制出来。

在命令行输入"O"，按空格确定，激活偏移命令，输入偏移量140，选择图元下沿直线，向上偏移。按空格重复上个命令，输入偏移量160，选择上一步所作直线，向上偏移。

在命令行输入"TR"，按两次空格确定，激活剪切命令，将扶手内部的直线剪切。选择内部其余直线，将图层切换到"虚线"图层，将内部的线条更改为虚线特性，如图7-1-21所示。

　　将图层切换到"轮廓线"图层。在命令行输入"REC"，按空格确定，选择上一步所作虚线的右侧定点，输入"D"，按尺寸输入，输入长为900，宽为160，点击右侧任意一点完成绘制。

　　按空格重复上一步命令，选择上一个矩形的左下角顶点为第一点，输入"D"，输入长为900，宽为140，点击右下方任意一点完成绘制，如图7-1-22所示。

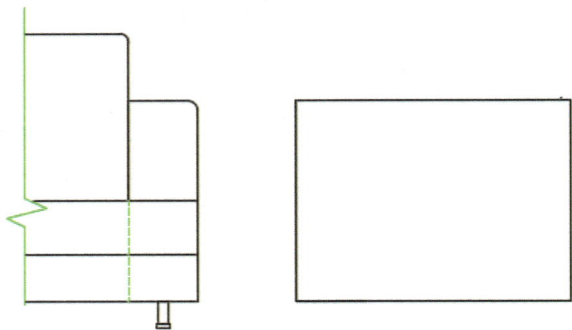

图7-1-19　沙发左视图绘制　　　　　　　　　　　图7-1-20　沙发左视图靠椅绘制

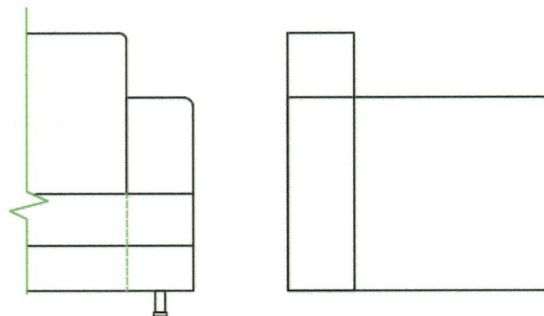

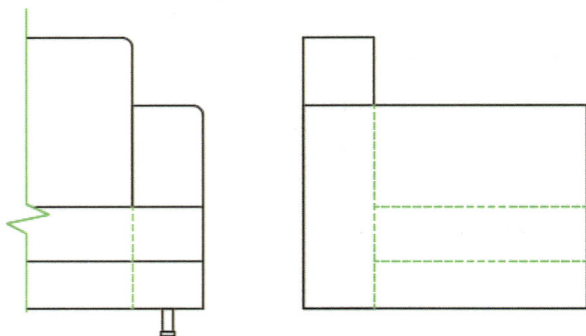

图7-1-21　沙发左视图坐垫绘制　　　　　　　　　图7-1-22　沙发左视图侧边坐垫绘制

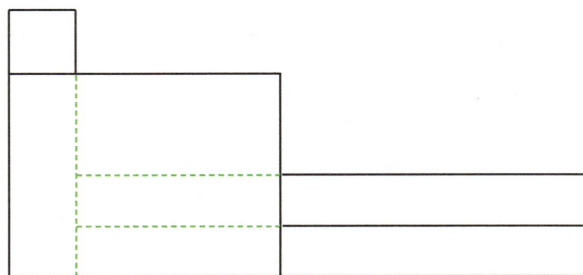

　　将主视图沙发脚进行复制，移动到指定位置。分别距离两侧距离为40，距离侧边坐垫直线内侧85的距离，完成沙发左视图的绘制，如图7-1-23所示。

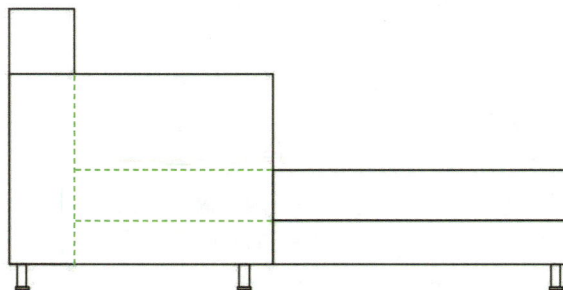

图7-1-23　沙发左视图完成绘制

至此，三视图绘制完成，如图7-1-24所示。

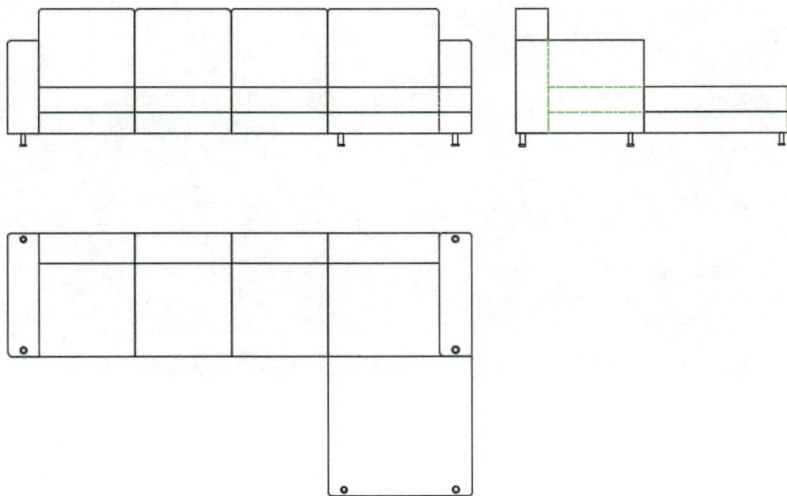

图7-1-24 沙发三视图完成绘制

任务二 沙发剖面图的绘制

知识目标：掌握沙发剖面图的绘制，灵活运用"图案填充"命令。

能力目标：能将剖面图绘制要求与AutoCAD相关知识结合来绘制沙发的剖面图。

一、案例分析

本案例要求绘制沙发的剖面图，并进行尺寸标注。该任务需要用到：矩形（REC）、复制（CO）、移动（M）、图案填充（H）等命令。

二、设置绘图环境

（1）新建文档：打开中文AutoCAD2016，新建一个文档。

（2）设置图形单位：单击菜单"格式—单位"（或者输入UN命令），打开"图形单位"对话框，将单位设置为"mm"后点击"确定"按钮结束。

（3）创建图层：点击工具栏的"图层特性"（或者输入LA命令），创建图层，如图7-2-1所示。

① 轮廓线图层：颜色为黑色，线型为实体线，线宽默认。

② 图案填充图层：颜色为黑色，线型为实体线，线宽默认。

③ 尺寸标注图层：颜色为黑色，线型为实体线，线宽默认。

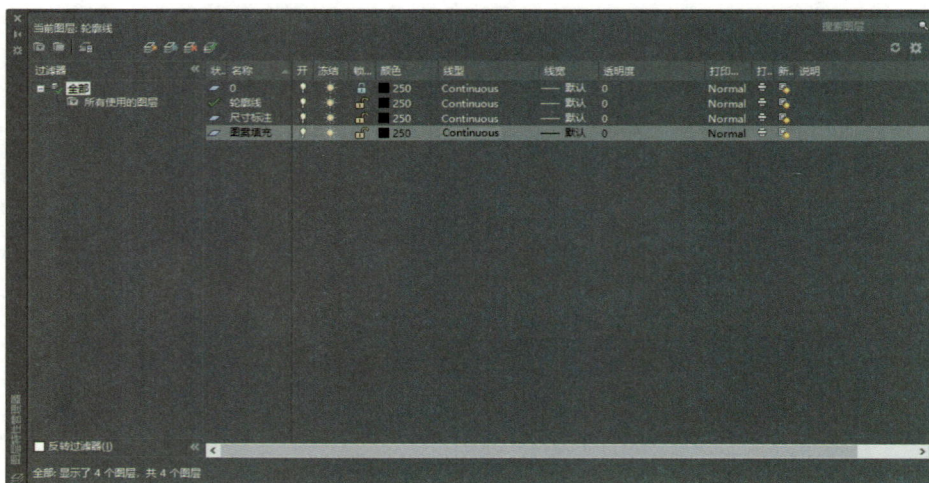

图7-2-1　图层特性管理

三、沙发轮廓线的绘制

将图层切换到"轮廓线"图层。在命令行里输入"REC"，按空格确定，激活矩形命令，鼠标点击任意一点，输入"D"，按尺寸输入，长为900，宽为140，点击任意一点完成矩形绘制。

按空格重复上一步命令，指定上一步所作矩形的右上角顶点，输入"D"，按尺寸输入，长为600，宽为140，点击右下方任意一点完成绘制，如图7-2-2所示。

按空格重复上一步命令，指定第一步所作矩形的左上角顶点，输入"D"，按尺寸输入，长为900，宽为160，点击右上方任意一点完成绘制。

按空格重复上一步命令，指定上一步所作矩形的右上角顶点，输入"D"，按尺寸输入，长为600，宽为160，点击右下方任意一点完成绘制，如图7-2-3所示。

图7-2-2　沙发剖面图座位绘制1

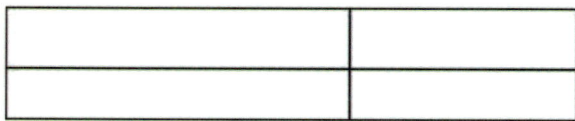

图7-2-3　沙发剖面图座位绘制2

在命令行输入"REC"，按空格确定，激活矩形命令，任意选择一点，输入"D"，按尺寸输入，长为100，宽为40，点击任意一点绘制矩形。将其复制到各个剖面节点之上，如图7-2-4所示。

在命令行输入"L"，按空格确定，绘制一条与沙发内部上侧小矩形上沿直线重合的直线。在命令行输入"O"，按空格确定，输入偏移距离10，选择上一步所作直线，点击直线上方任意一点，完成偏移，如图7-2-5所示。

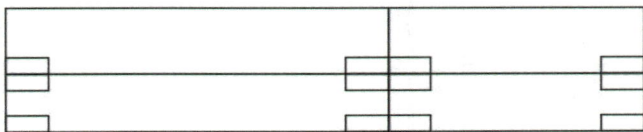

图7-2-4　沙发剖面节点绘制

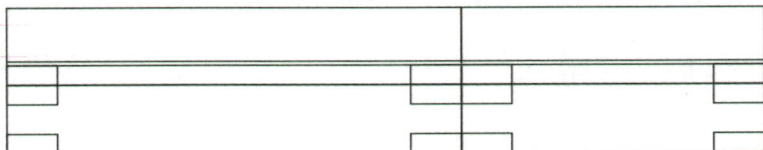

图7-2-5　沙发剖面绘制

在命令行输入"REC"，按空格确定，激活矩形命令，点击任意一点，输入"D"，按尺寸输入，长为600，宽为600。在命令行输入"M"将绘制好的矩形移动，矩形的右下顶点与上一步所作图元的右下顶点重合。

在命令行输入"REC"，按空格确定，激活矩形命令，点击任意一点，输入"D"，按尺寸输入，长为200，宽为800。在命令行输入"M"将绘制好的矩形移动，矩形的左下顶点与上一步所作图元的右下顶点重合，如图7-2-6所示。

在命令行输入"REC"，按空格确定，激活矩形命令，输入"D"，按尺寸输入，长为30，宽为70，点击任意一点结束。在命令行输入"CO"，选择刚绘制的矩形，将其复制到靠背位置的上下两侧，如图7-2-7所示。

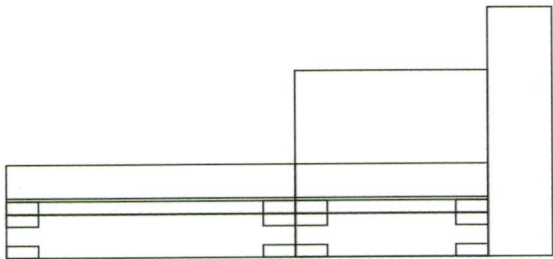

图7-2-6　沙发剖面靠背绘制

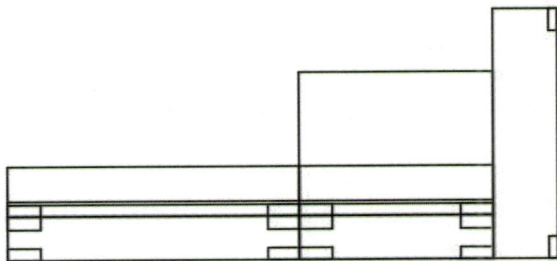

图7-2-7　沙发剖面靠背节点绘制1

在命令行输入"L"，按空格确定，点击上一步所绘制矩形的左上顶点，绘制一条垂直直线，与图元最下侧相交。

在命令行输入"O"，按空格确定，激活偏移命令，输入偏移量10，选择上一步所作直线，向左偏移，如图7-2-8所示。

根据上一节所讲，绘制沙发脚，并将沙发脚移动到相应位置，如图7-2-9所示。

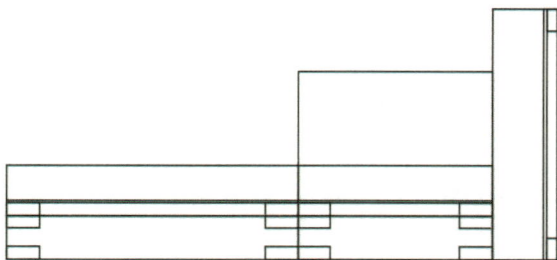

图7-2-8　沙发剖面靠背节点绘制2

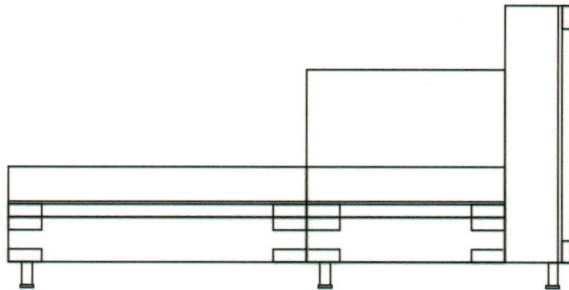

图7-2-9　沙发剖面沙发脚绘制

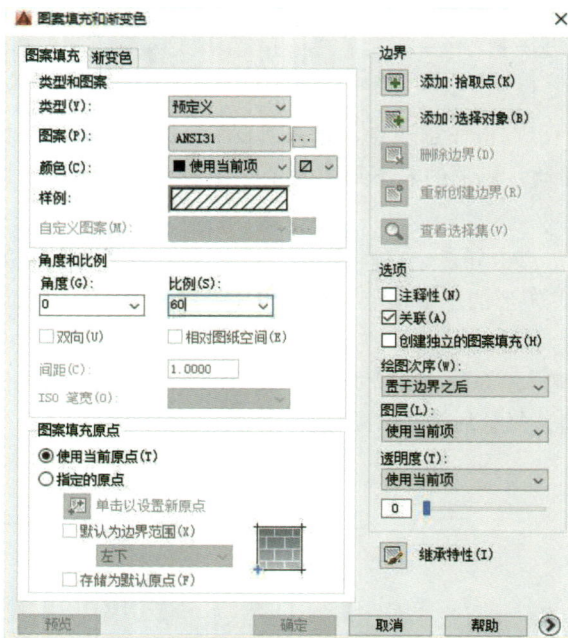

图7-2-10　填充设置

四、沙发剖面填充

　　将图层切换到"图案填充"图层。在命令行输入"H"，按空格确定，激活填充命令。如图7-2-10所示，选择图案为"ANSI31"，比例输入"60"，鼠标点击"添加：拾取点"，将剖面图中的小矩形选中，按空格确定，回到填充界面，点击"确定"，进行图案填充，如图7-2-11所示。

　　在命令行输入"H"，按空格确定，激活填充命令。如图7-2-10所示，选择图案为"ANSI37"，比例输入80，鼠标点击"添加：拾取点"，将剖面图中的软体包装部分选中，按空格确定，回到填充界面，点击"确定"，进行图案填充，如图7-2-12所示。

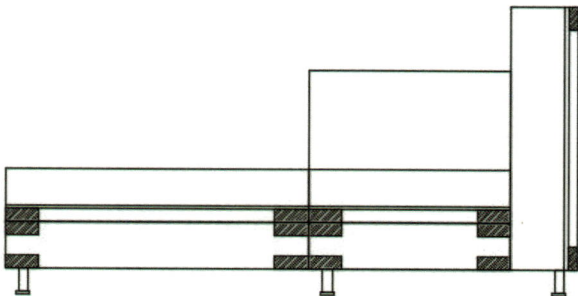

图7-2-11　填充效果1

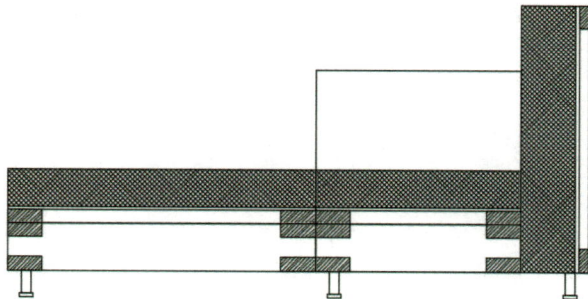

图7-2-12　填充效果2

五、尺寸标注

将图层切换到"尺寸标注"图层。输入"DLI",按空格确定,标注出沙发的尺寸。

重复使用标注命令,将所有的尺寸标注完成,如图7-2-13所示。

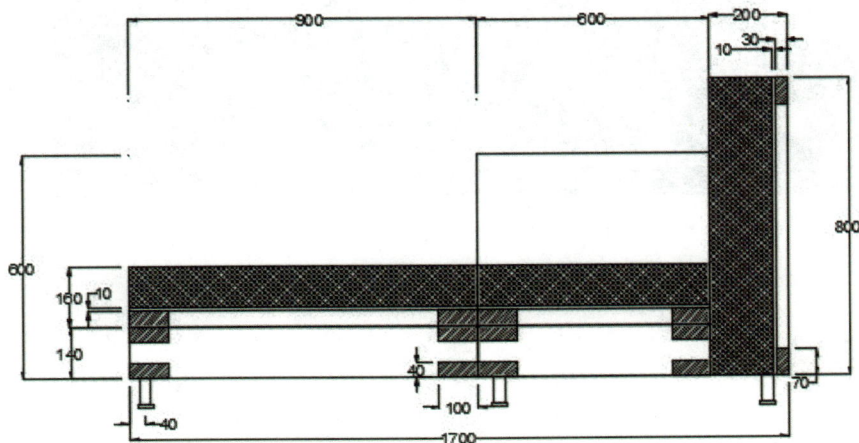

图7-2-13 尺寸标注

任务三 沙发轴测图的绘制

知识目标:掌握沙发轴测图的绘制方法。

能力目标:根据三视图的尺寸进行轴测图的绘制。

一、案例分析

本案例要求绘制组合沙发的轴测图,该任务需要应用到的命令为:矩形(REC)、移动(M)、镜像(MI)、拉伸(EXT)等命令。

二、设置绘图环境

(1)新建文档:打开中文AutoCAD2016,新建一个文档。

(2)设置图形单位:单击菜单"格式—单位"(或者输入UN命令),打开"图形单位"对话框,将单位设置为"mm"后点击"确定"按钮结束。

(3)创建图层:点击工具栏的"图层特性"(或者输入LA命令),创建图层,如图7-3-1所示。

轮廓线图层:颜色为黑色,线型为实体线,线宽默认。

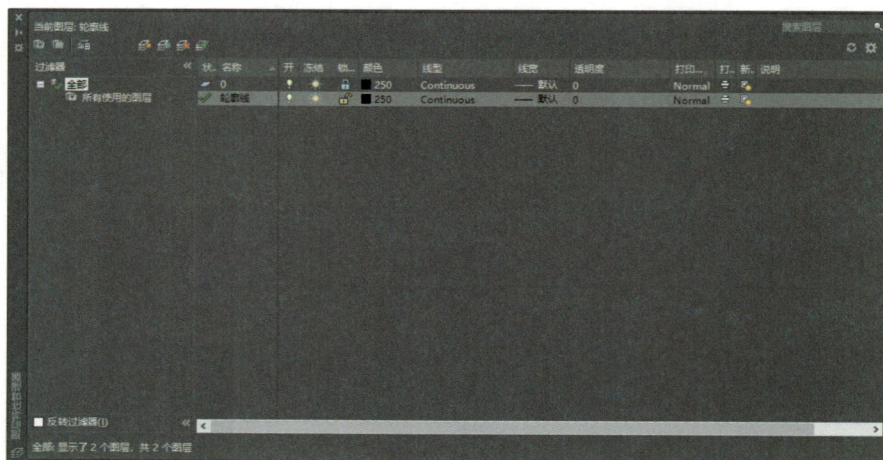

图7-3-1　图层特性管理

三、平面图的绘制

沙发的平面图绘制与三视图绘制相同，选取沙发的俯视图绘制较为方便。

在命令行里输入"REC"，按空格确定，激活矩形命令，将俯视图的每个代表不同物品的矩形绘制出来。

点击工具栏中"西南等轴测"，如图7-3-2所示，将视点选择为西南等轴测。

在命令行输入"EXT"，按空格确定，选择沙发靠背，按空格确定，输入拉伸高度800，按空格确定，如图7-3-3所示。

图7-3-2　视角设置

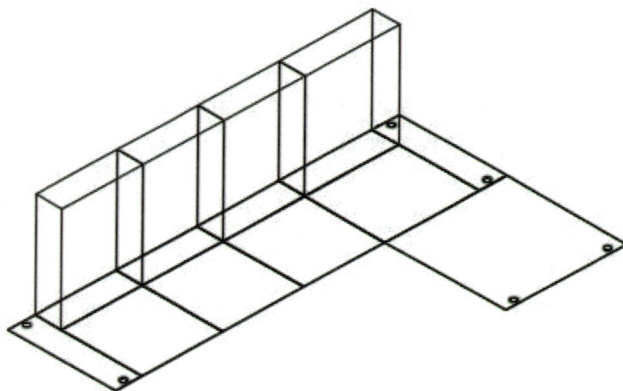

图7-3-3　靠背拉伸

再次输入"EXT"，按空格确定，分别将沙发扶手、坐垫拉伸出来，如图7-3-4所示。

再次输入"EXT"，按空格确定，分别将沙发脚拉伸出来，注意拉伸的方向，将沙发脚外侧圆形移动到合适位置，完成沙发轴测图的绘制，如图7-3-5所示。

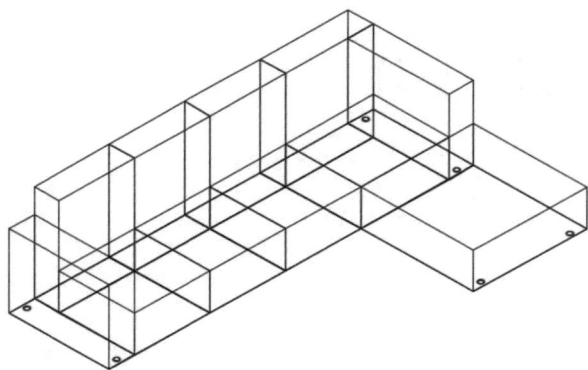

图7-3-4 扶手、坐垫拉伸

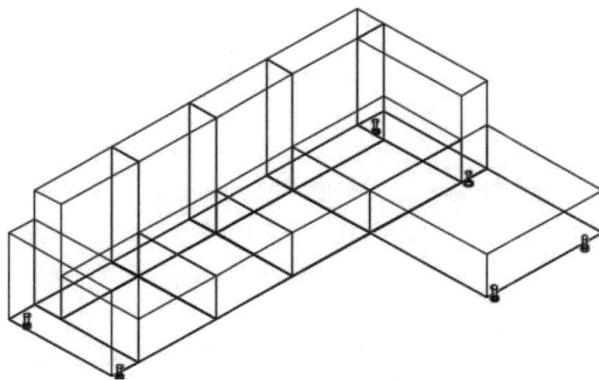

图7-3-5 完成沙发轴测图

任务四 沙发大样图的绘制

知识目标：1.掌握沙发大样图的绘制。
　　　　　2.AutoCAD相关命令的运用。
能力目标：能将所绘制的沙发进行大样图的绘制。

利用剖面线的方式对沙发进行剖切，在沙发的中间绘制剖面线并进行剖面处理，如图7-4-1所示。

然后对内部的剖面进行分解，将其内部构造表达出来，如图7-4-2所示。

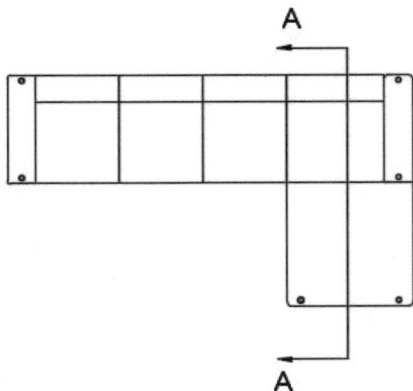

图7-4-1 绘制剖面图

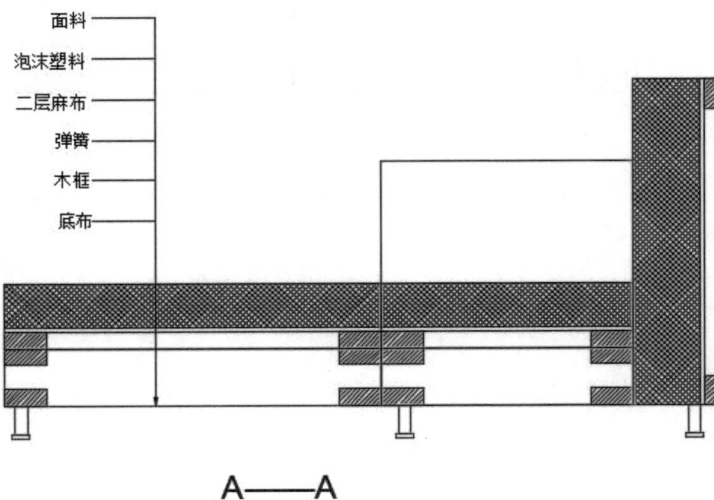

面料
泡沫塑料
二层麻布
弹簧
木框
底布

A——A

图7-4-2 沙发内部剖面分解

任务五 沙发的尺寸标注

知识目标：1.掌握沙发的尺寸标注。

　　　　　2.利用尺寸标注命令对图纸进行尺寸标注。

能力目标：能将所绘制的三视图进行尺寸标注。

绘制完成三视图后，利用标注命令（DLI），将沙发的外形尺寸及内部材料及相关结构标注出来，如图7-5-1所示。

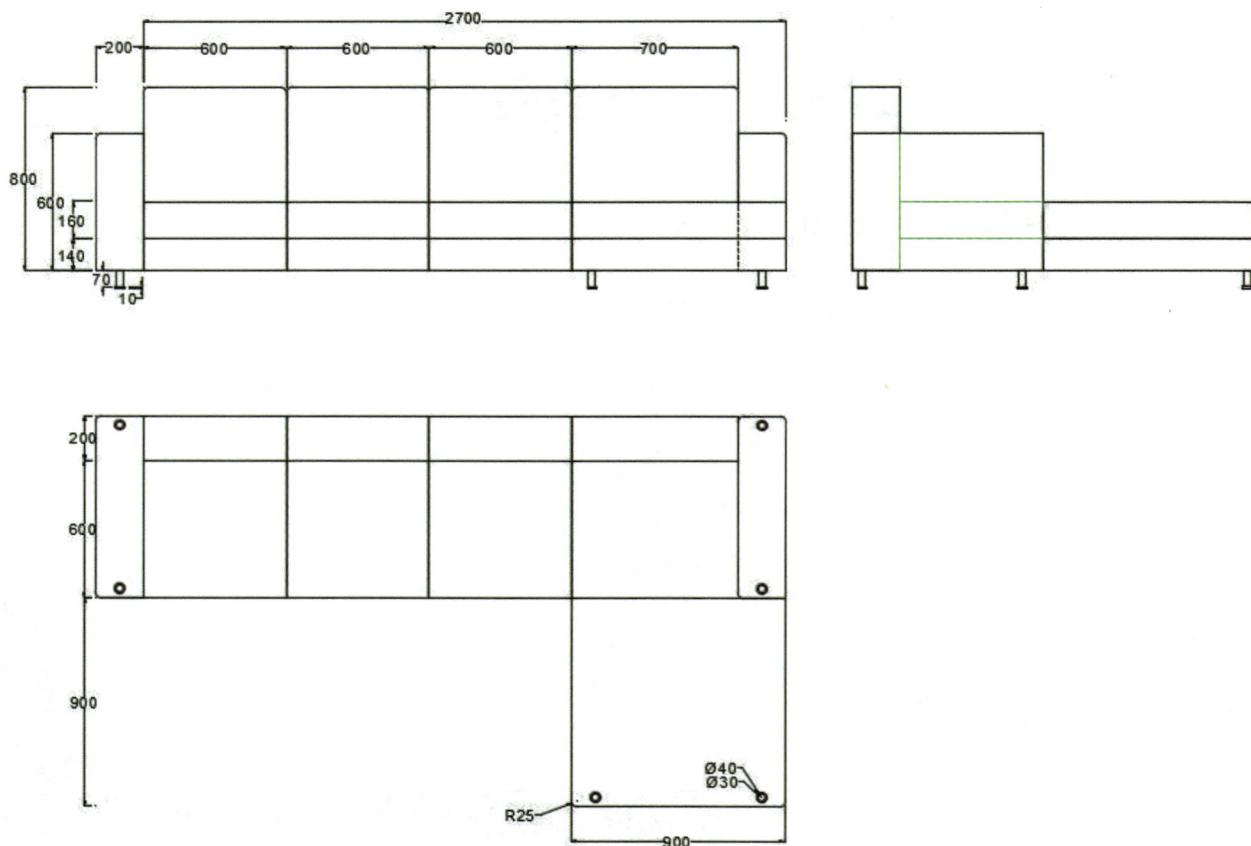

图7-5-1　沙发的尺寸标注

实训练习

完成下图中沙发的剖视图与大样图的绘制并进行尺寸标注。

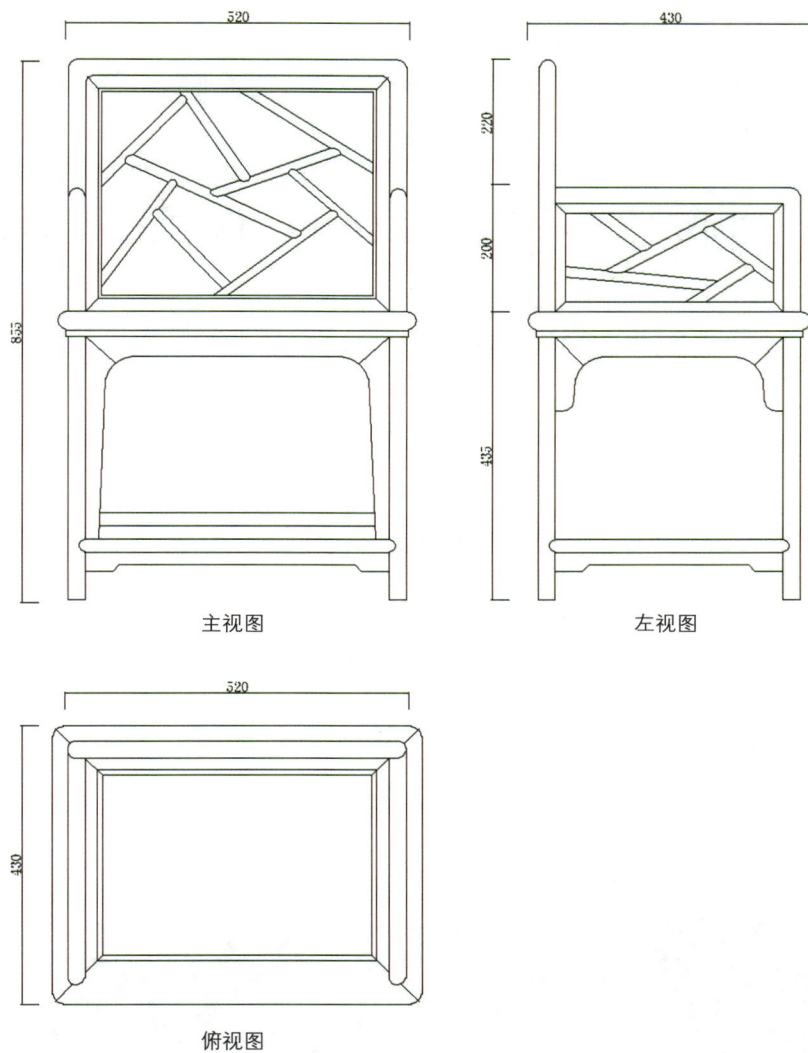

主视图

左视图

俯视图

项目八　太师椅的绘制

太师椅最早使用于宋代，原为官家之椅，是权力和地位的象征，放在皇宫、衙门内带有官品职位的含义，放在家庭中，也显示出主人的地位。太师椅最能体现清代家具的造型特点，它体态宽大，靠背与扶手连成一片，形成一个三扇、五扇或者是多扇的围屏。通过本案例的学习，大家既能熟悉太师椅的基本尺寸及设计要求，又能进一步加强家具设计中三视图的绘制技巧。

任务一　太师椅案例分析与AutoCAD绘图环境设置

知识目标：掌握绘制太师椅时绘图环境的设置方法和命令。

能力目标：能建立新图层，熟练应用CAD命令绘制太师椅三视图。

一、案例分析

本案例主要利用直线（L）、矩形（REC）、样条曲线（SPL）、复制（CO）、修剪（TR）、镜像（MI）、延伸（EX）、分解（X）等命令。

二、设置绘图环境

（1）新建文档：打开中文AutoCAD2016，新建一个文档。

（2）设置图形单位：单击菜单"格式—单位"（或者输入UN命令），打开"图形单位"对话框，将单位设置为"mm"后，点击"确定"按钮结束。

（3）创建图层：点击工具栏的"图层特性"（或者输入LA命令），创建图层，如图8-1-1所示。

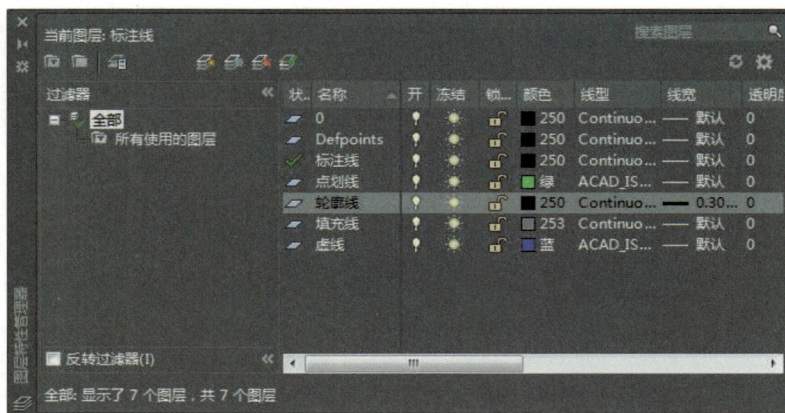

图8-1-1　图层特性管理

① 标注线图层：颜色黑色，线型连续线，线宽默认。

② 点划线图层：颜色绿色，线型为点划线，线宽默认。

③ 轮廓线图层：颜色黑色，线型为连续线，线宽0.3。

④ 填充线图层：颜色灰色，线型连续线，线宽默认。

⑤ 虚线图层：颜色蓝色，线型为虚线，线宽默认。

任务二　太师椅主视图的绘制

知识目标：掌握太师椅主视图的画法。

能力目标：能根据实际情况，完成太师椅的主视图绘制。

主视图绘制思路：先绘制外轮廓，再从上至下进行绘制。绘制步骤如下。

（1）用直线（L）绘制一个810×530的矩形，再将顶部的直线向下偏移（O）两次，偏移距离分别为153、360，如图8-2-1所示。

（2）将矩形左右两侧直线分别向里侧偏移（O）两次，偏移距离分别为10、165，绘制后将图形进行修剪（TR），修剪后效果如图8-2-2所示。

图8-2-1　绘制太师椅矩形外框

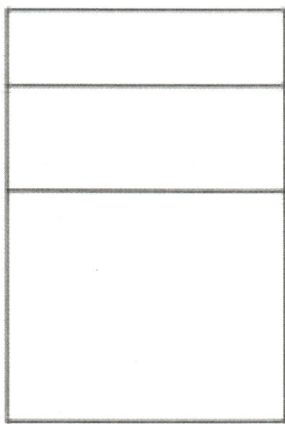

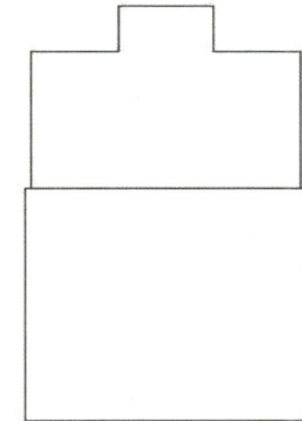

图8-2-2　太师椅外框修改后效果

（3）将中间两条直线向下延伸（EX），并将左侧三条直线分别进行偏移、修剪，偏移距离均为25，修剪后效果如图8-2-3所示。

（4）将上面箭头所指的直线向下进行偏移，偏移距离分别为25、59、105、130；将下面箭头所指的直线向上进行偏移，偏移距离分别为25、53、70、95，偏移及修剪后效果如图8-2-4所示。

（5）将左侧箭头所指直线向右侧进行偏移，偏移距离分别为25、57、82、140，如图8-2-5所示。

（6）将图8-2-5绘制后的轮廓图型按照图8-2-6所示的造型进行修剪。

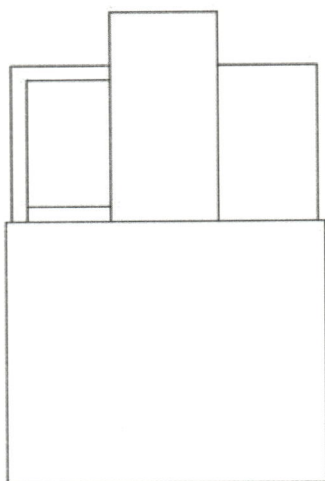

图8-2-3　图案轮廓绘制　　　　　图8-2-4　轮廓偏移修剪后效果　　　　　图8-2-5　轮廓偏移后效果

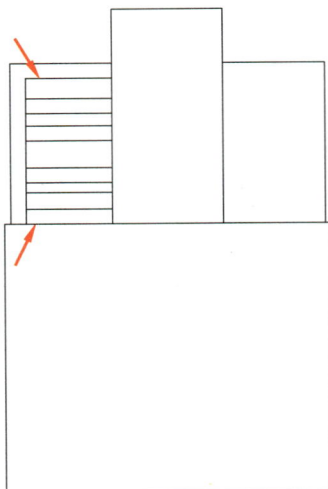

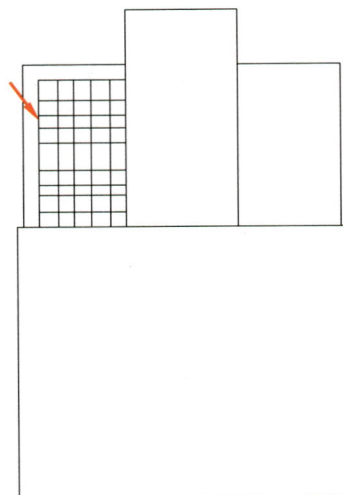

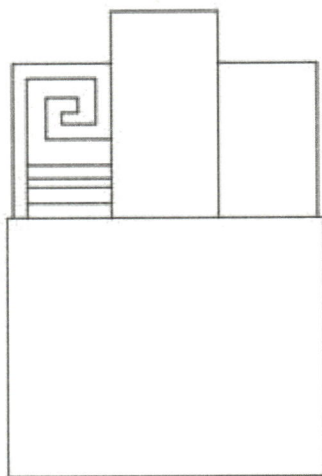

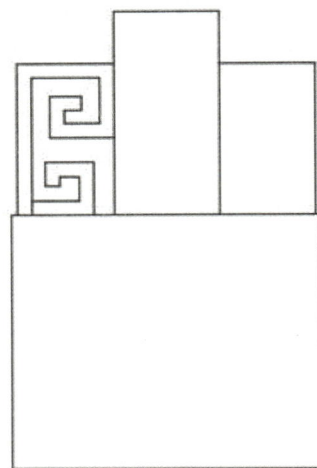

图8-2-6　轮廓修剪后造型　　　　　图8-2-7　偏移后轮廓　　　　　图8-2-8　轮廓修剪后造型

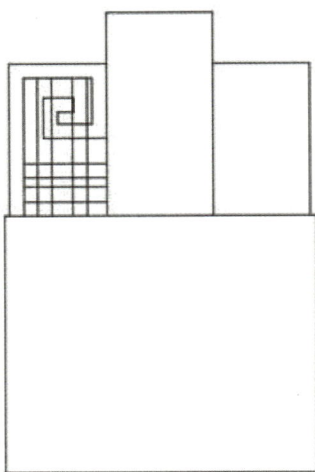

（7）将图8-2-5中箭头所指的直线再次进行向右偏移，偏移的尺寸分别为25、48、106、131，如图8-2-7所示，并将偏移后轮廓按照图8-2-8进行修剪。

（8）造型倒圆角（F）。倒角半径分为12、10、5、3四种规格，具体每个角的半径尺寸如图8-2-9所示。①对应的倒角半径为12，共一个；②对应的倒角半径为10，共一个；③对应的倒角半径为5，共十一个；④对应的倒角半径为3，共七个。倒角后局部效果如图8-2-10所示，整体效果如图8-2-11所示。

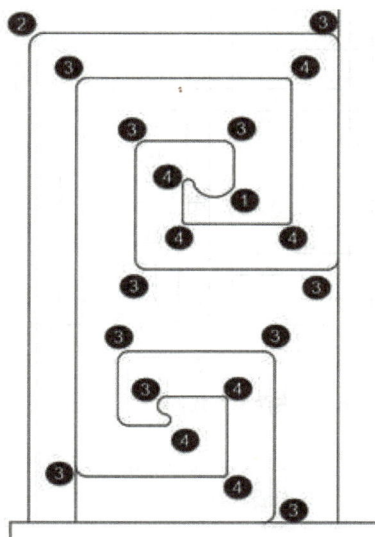

图8-2-9　倒角半径分布　　　　　图8-2-10　倒角后局部效果　　　　　图8-2-11　倒角后整体效果

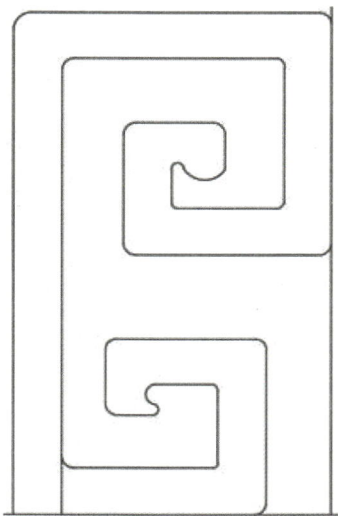

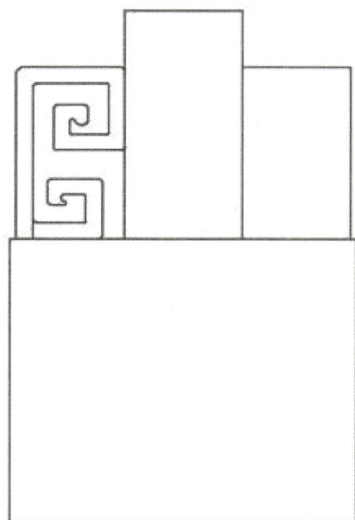

（9）将图8-2-12中箭头所指直线向下进行偏移，偏移尺寸分别为63、97、154，偏移后对直线进行剪切、延伸操作，留下图中矩形框内三条短直线，之后将邻近内外圆角用直线连接完成造型。

（10）将完成后造型镜像（MI）到另外一侧，左右对称造型即完成，如图8-2-13所示。

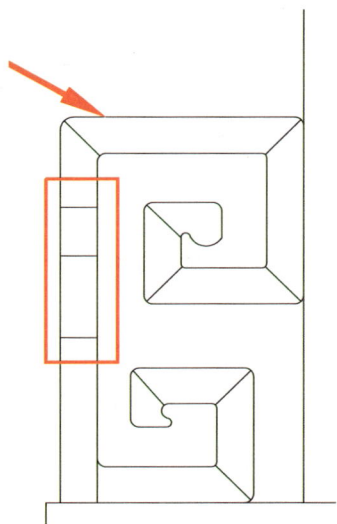

图8-2-12　局部放大造型细节　　　　　　　　图8-2-13　对称效果

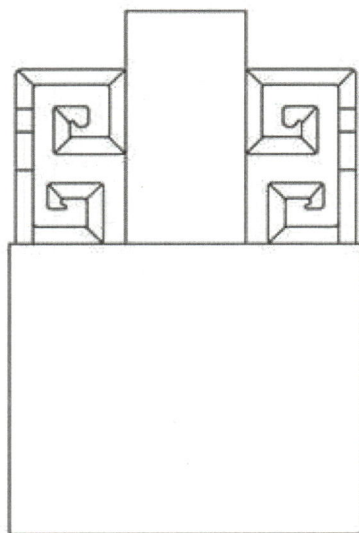

（11）绘制太师椅背中间花纹。将图8-2-14中顶部箭头所指直线向下进行偏移，偏移距离分别为45、90、115、278、303，再将图8-2-15中左右两侧箭头所指直线分别向内偏移25。

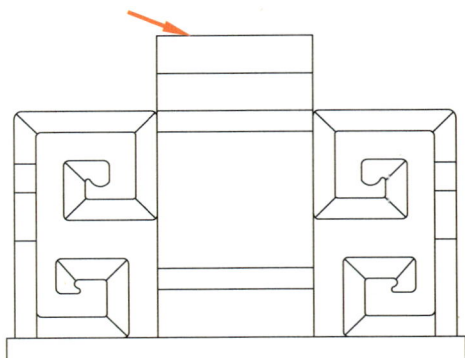

图8-2-14　顶部直线偏移

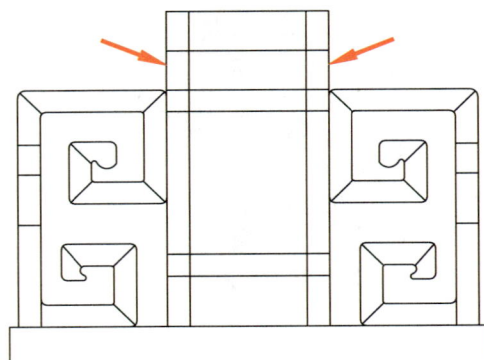

图8-2-15　左右两侧直线偏移

（12）将偏移后的轮廓进行修剪，完成后效果如图8-2-16所示。

（13）将中间修剪后的矩形四条边继续向内进行偏移，每条边偏移两次，偏移尺寸均为16、20，效果如图8-2-17所示，修剪后效果如图8-2-18所示。

图8-2-16　修剪后效果

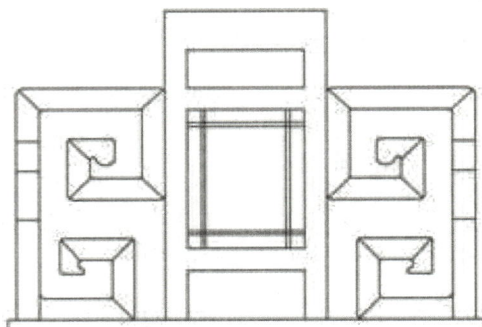

图8-2-17　偏移后效果

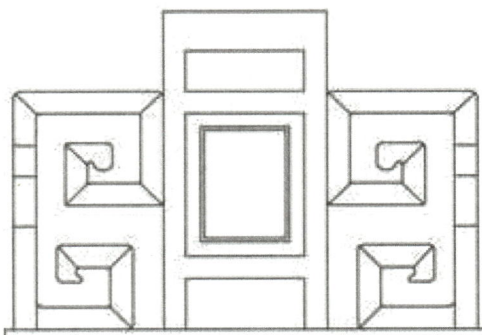

图8-2-18　修剪后效果

（14）按图8-2-19所示，将上部分选中的六个顶点进行倒角，倒角半径为3，将下部分选中的四个顶点进行倒角，倒角半径为5。

（15）绘制两个半径为4的圆，并将其放置在如图8-2-20所示的位置上，两个相交圆的上下两侧分别于矩形的两条边相切，摆放后再将其进行剪切，剪切后效果如8-2-21所示。

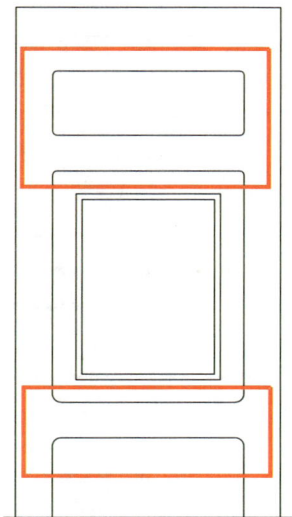

图8-2-20　两圆的摆放位置

图8-2-19　倒圆角

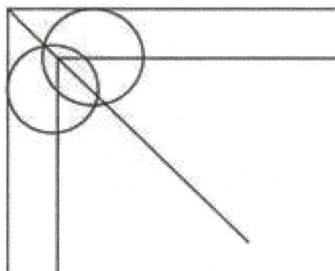

图8-2-21　剪切后效果

（16）同样方法再绘制两个半径为1的圆，并将其放置在与里侧矩形相切的位置上，如图8-2-22所示，经剪切后，效果如图8-2-23所示。

（17）将圆修剪后造型进行镜像复制，如图8-2-24所示，并进行剪切，最后得到如图8-2-25所示的效果。

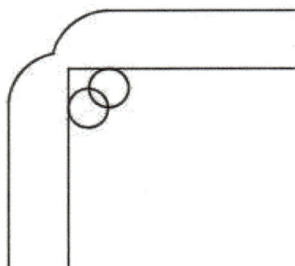

图8-2-22　里侧两圆位置

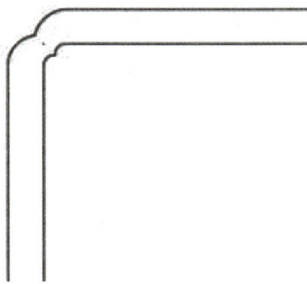

图8-2-23　剪切后效果

图8-2-24　镜像复制

图8-2-25　剪切后效果

（18）将图8-2-26中选中部分矩形进行偏移，偏移后放大效果如图8-2-27所示，具体偏移距离如下：顶部箭头所指直线向下偏移13、15、28、30，左右两侧箭头所指直线分别向内侧偏移16、18。

（19）对偏移后直线进行剪切，剪切后效果如图8-2-28所示。

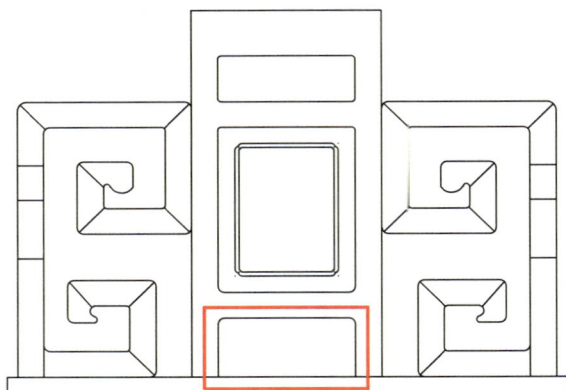

图8-2-27　偏移后效果

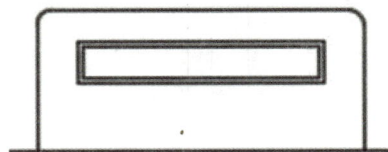

图8-2-26　选中偏移的直线

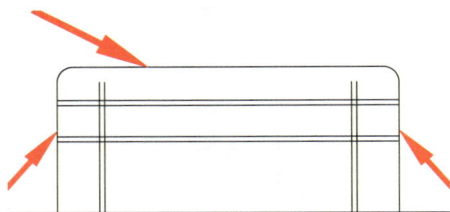

图8-2-28　修剪后造型

（20）再将图8-2-27左右两侧直线向内各偏移25，如图8-2-29所示，之后进行剪切，剪切后造型如图8-2-30所示。

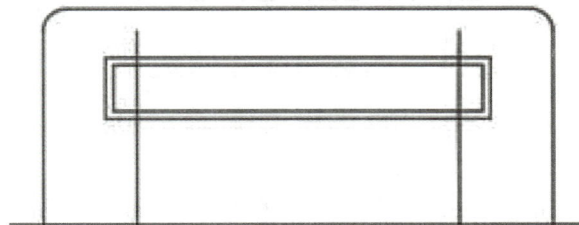

图8-2-29　两侧偏移直线位置

图8-2-30　修剪后造型

（21）按图8-2-31中编号进行倒圆角，编号为1的角，圆角半径为3，共四个；编号为2的角，圆角半径为1，共六个。

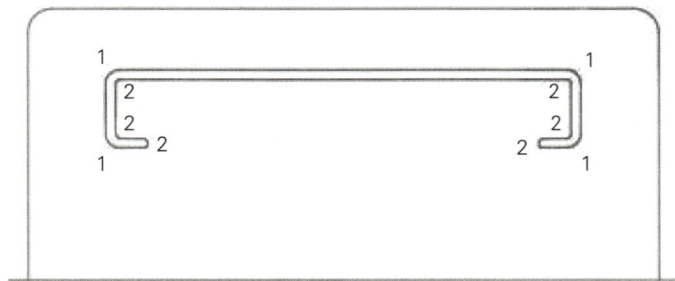

图8-2-31　倒角编号

（22）按图8-2-32所示造型进行绘制，并将其对称放置在图8-2-33中位置。

图8-2-32　造型图

图8-2-33　放置位置

（23）按照图8-2-34至图8-2-37所示，完成直线的连接。

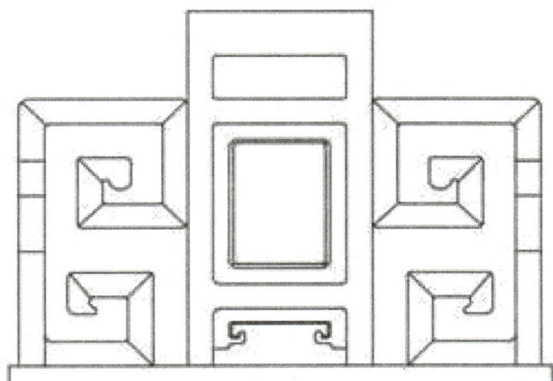

图8-2-34　未连接直线效果

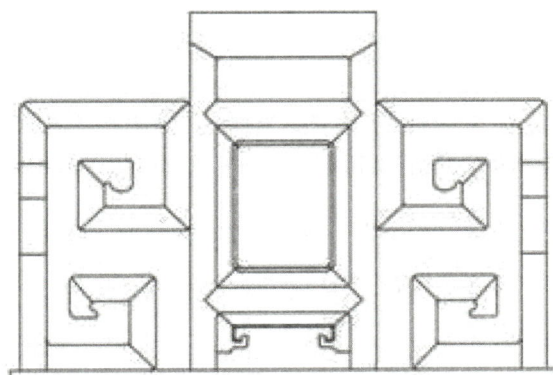

图8-2-35　连接直线后效果

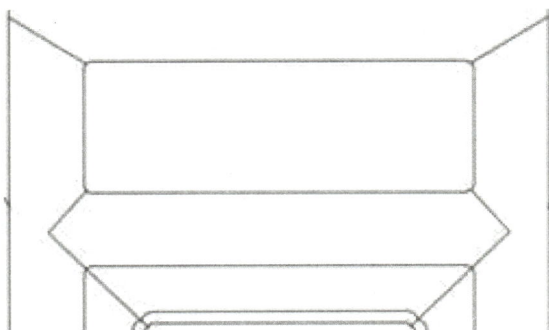

图8-2-36　上部局部连接放大图

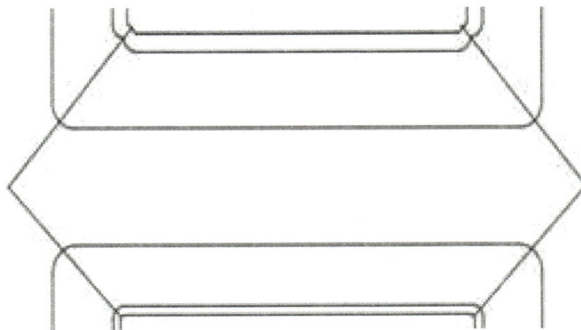

图8-2-37　下部局部连接放大图

（24）按照图8-2-38所示造型绘制椅背图案，太师椅上半部分完成效果，如图8-2-39所示。

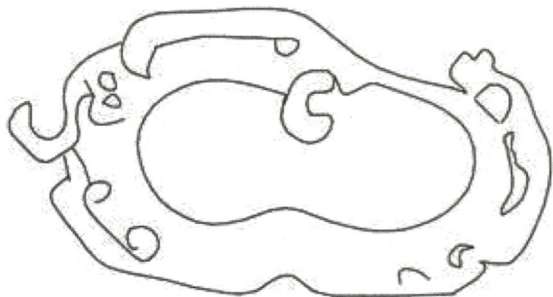

图8-2-38　椅背造型

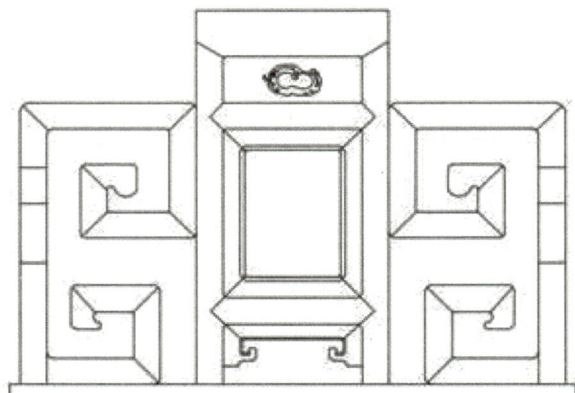

图8-2-39　上半部分完成效果

（25）绘制太师椅下半部分。首先将下图中顶部箭头所指直线向下进行偏移，偏移距离分别为30、33、35，再将左侧箭头所指直线向右侧偏移10、15、20，如图8-2-40、图8-2-41所示。

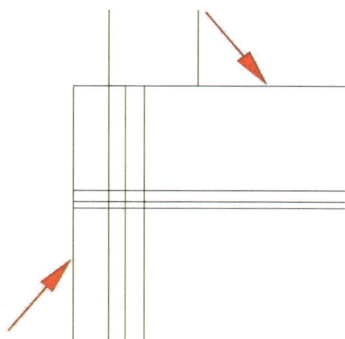

图8-2-40　偏移直线位置

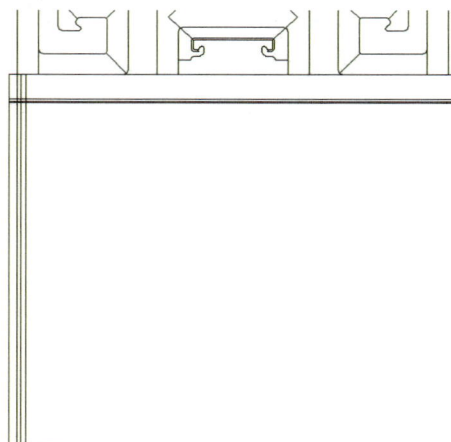

图8-2-41　直线偏移后效果

（26）对绘制的直线进行修剪，修剪前后对比如图8-2-42、图8-2-43所示。

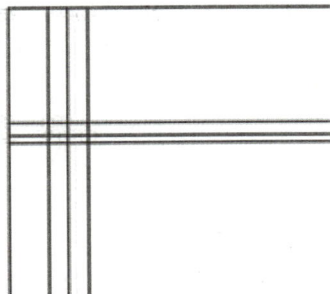

图8-2-42　修剪前

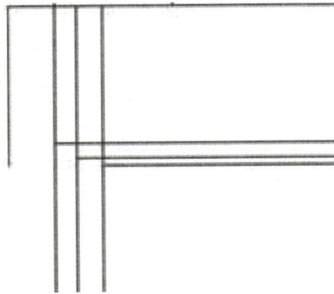

图8-2-43　修剪后

（27）使用圆弧（A）命令下，起点—端点（E）—方向（D），完成第一段圆弧的绘制，再使用圆弧命令下，起点—第二个点—端点，完成第二段圆弧的绘制，如图8-2-44、图8-2-45所示。

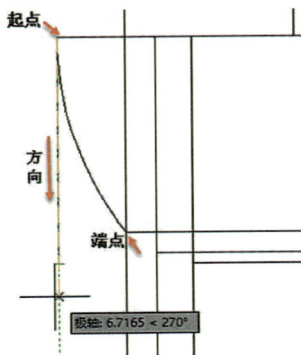

图8-2-44　第一段圆弧绘制

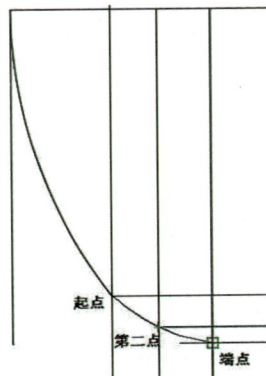

图8-2-45　第二段圆弧绘制

（28）使用倒角命令，对绘制好的圆弧进行倒圆角，倒角半径为1，倒角后将多余直线删除掉，效果如图8-2-46所示。

（29）将箭头所指直线向下进行偏移，偏移距离依次为20、23、28，如图8-2-47所示。

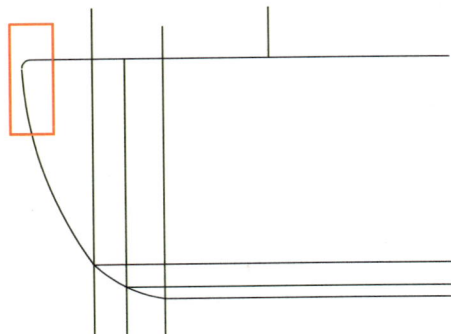

图8-2-46　需倒角位置

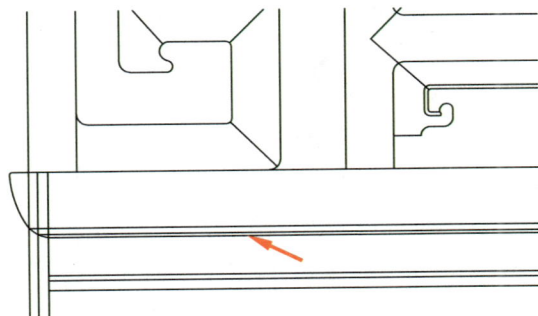

图8-2-47　直线偏移位置

（30）对最后偏移的直线使用延伸（EX）命令，将其与最左侧竖线连接，如图8-2-48所示。

（31）将图8-2-49中1、2两点用直线连接，并将第二条直线使用延伸命令与连接后的直线相交。

（32）将图8-2-49中左侧垂直三条直线进行修整。其中将左侧直线保留，中间直线删除掉，右侧直线进行剪切，留中间部分，修整后效果如图8-2-50所示。

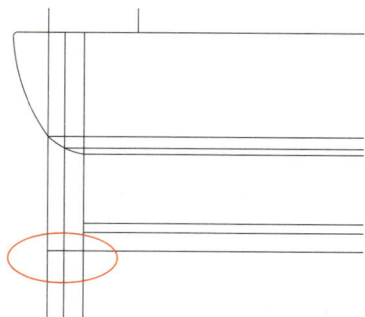

图8-2-48　延伸后效果

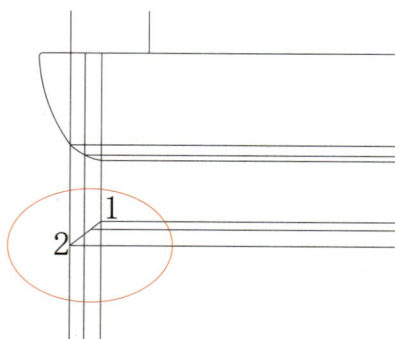

图8-2-49　连接后效果

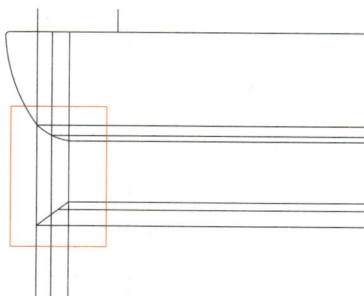

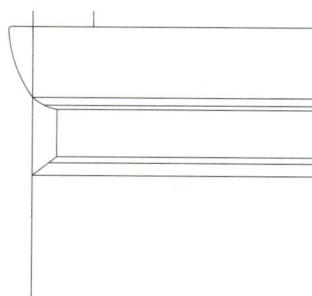

图8-2-50　修整后效果

（33）将图中保留的直线向左移动，移动距离为7，移动后效果如图8-2-51所示。

（34）再将最下面一条直线使用延伸命令与图8-2-51中移动后直线相交，如图8-2-52所示。

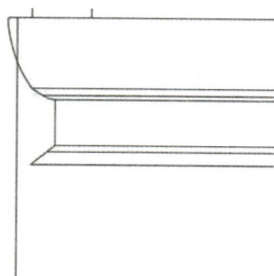

图8-2-51　移动后直线位置

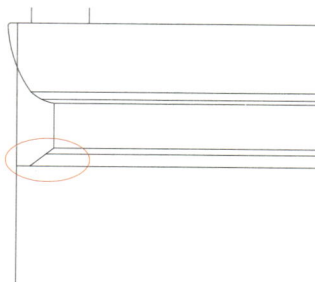

图8-2-52　延伸直线

（35）剪切直线并倒圆角，倒角半径为7，如图8-2-53所示。

（36）将图8-2-53中完成后造型使用镜像、剪切等命令复制到另外一侧，并将底部直角进行倒圆角，半径为5，如图8-2-54所示。

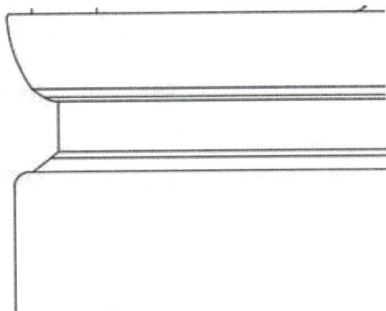

图8-2-53　剪切与倒角后造型

图8-2-54　外轮廓图

（37）将图8-2-55中箭头所指的上、下、左、右四条直线进行偏移。上、左、右三侧的直线向内侧进行偏移两次，尺寸分别为31、35；下侧直线向内侧进行偏移四次，尺寸分别为56、60、80、84。

（38）使用倒圆角命令，对外侧矩形进行倒圆角，半径为5，对内侧矩形进行倒圆角，半径为3，倒角后效果如图8-2-56所示。

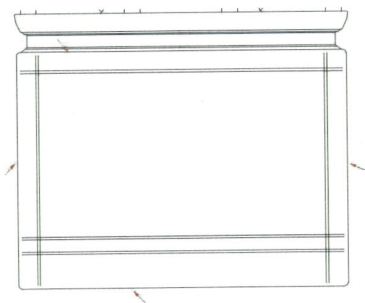

图8-2-55　偏移后效果

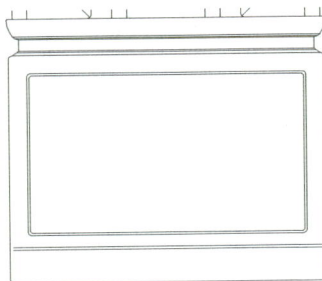

图8-2-56　倒角后效果

（39）捕捉图8-2-56中倒角后左右两侧四条直线端点，并向下延伸绘制直线，与底部两条直线相交绘制任意长度，如图8-2-57所示。

（40）同样使用倒圆角命令，对外侧矩形进行倒圆角，半径为5，对内侧矩形进行倒圆角，半径为3，倒角后效果如图8-2-58所示。

（41）将底部直线向上偏移34，如图8-2-59所示。

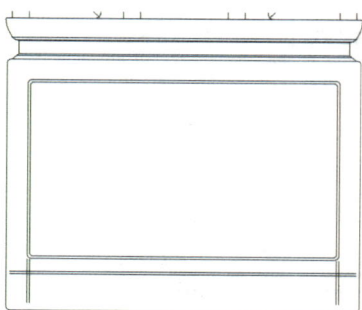

图8-2-57　延伸绘制直线

图8-2-58　倒角后效果

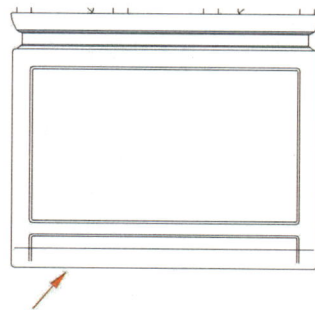

图8-2-59　偏移后直线位置

（42）将底部直线进行修剪，并进行倒圆角，圆角半径为2，效果分别如图8-2-60、图8-2-61所示。

图8-2-60　修剪直线

图8-2-61　倒圆角

（43）按图8-2-62（a）进行腿部造型绘制，并将其放置在图8-2-62（b）所示位置，另外按（b）图上部框选处绘制折线，绘制后效果如图8-2-62（c）所示。

（a）

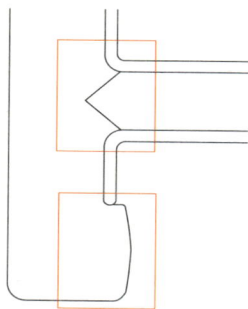

（b）

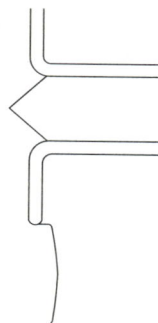

（c）

图8-2-62　腿部造型及其位置

（44）对底部直线进行修剪，完成椅腿的绘制，如图8-2-63所示。

（45）绘制完成后，太师椅的主视图如图8-2-64所示。

图8-2-63　椅腿完成效果

图8-2-64　太师椅主视图

任务三　太师椅左视图的绘制

知识目标：掌握太师椅左视图的画法。

能力目标：能根据实际情况，完成太师椅的左视图。

绘制思路：从主视图延伸必要的辅助线，确定左视图轮廓，再由下至上进行绘制绘制步骤如下。

（1）从主视图延伸辅助线，从上往下一共七条，辅助线具体位置如图8-3-1所示。

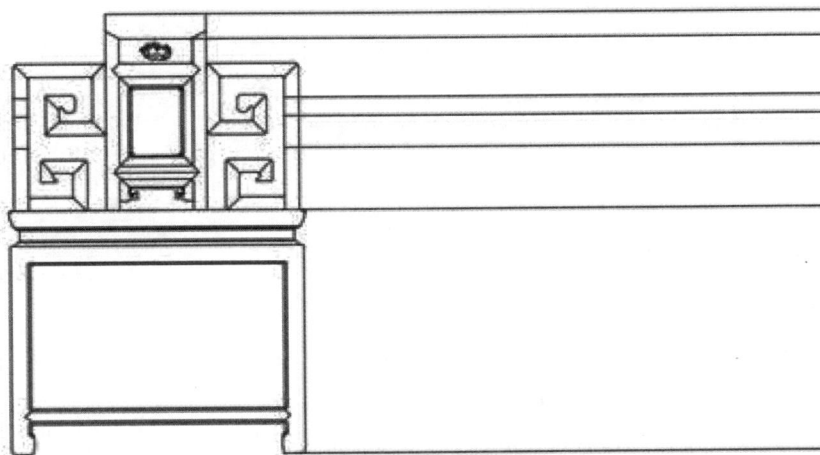

图8-3-1　左视图辅助线位置

（2）太师椅宽度为420mm，纵向绘制两条直线，两条直线距离为420mm，左视图外框尺寸确定完成，如图8-3-2所示。

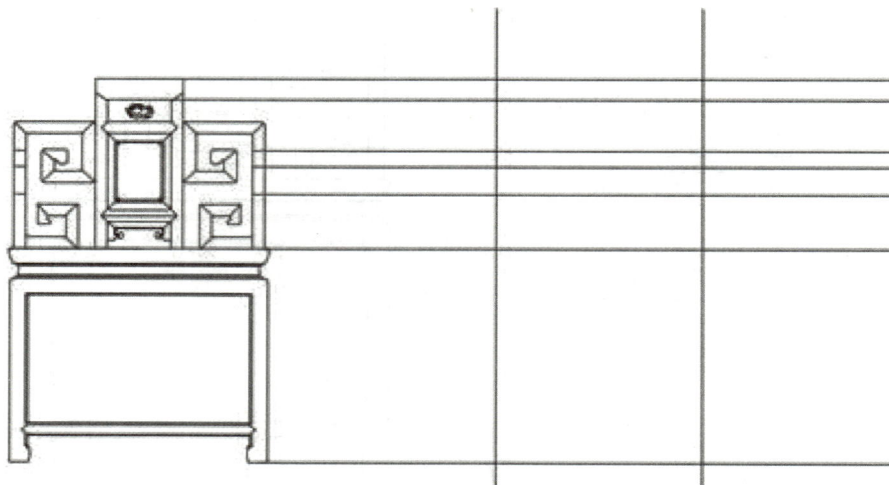

图8-3-2　确定左视图外框尺寸

（3）将主视图太师椅下半部分复制（CO）到右侧左视图外框中，如图8-3-3（a）所示。此处需注意，（b）图中选中位置与左视图外框尺寸对齐，此处是太师椅最宽位置。

（4）移动上图中左半部分椅腿至左视图框内，注意对齐点[同图8-3-3（b）]，并将多余直线删掉，完成效果如图8-3-4所示。

 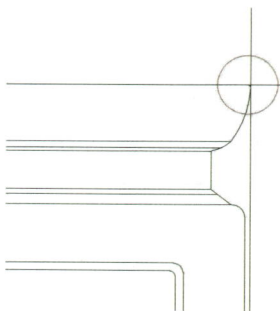 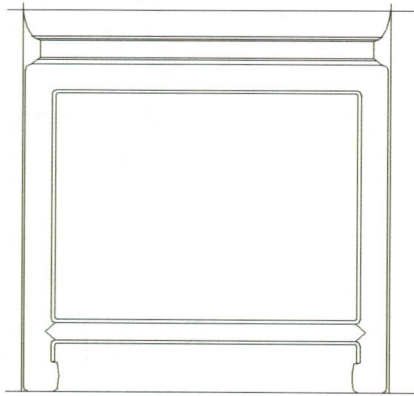

（a）　　　　　　　　　（b）

图8-3-3　下半部分对齐位置　　　　　　图8-3-4　左视图腿部完成效果

（5）将左侧外轮廓线向右进行两次偏移，准备绘制椅背，距离分别为10、35，如图8-3-5（a）所示，偏移后对其进行修剪，完成效果如图8-3-5（b）所示。

（6）以左视图外轮廓左上角为起点向右绘制一条长25的直线，如图8-3-6（a）所示。直线绘制后将顶部辅助线删除掉，完成效果如图8-3-6（b）所示。

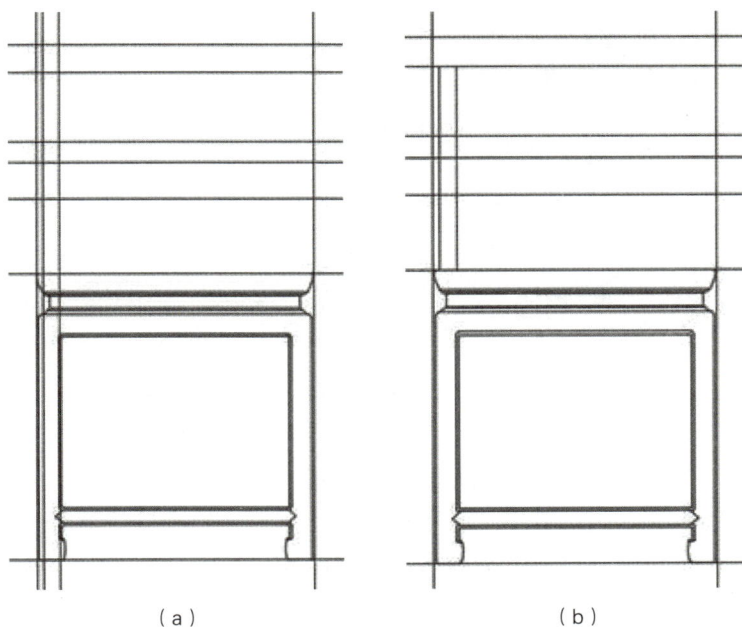

（a）　　　　　　　　　　　　　　　（b）

图8-3-5　偏移后效果

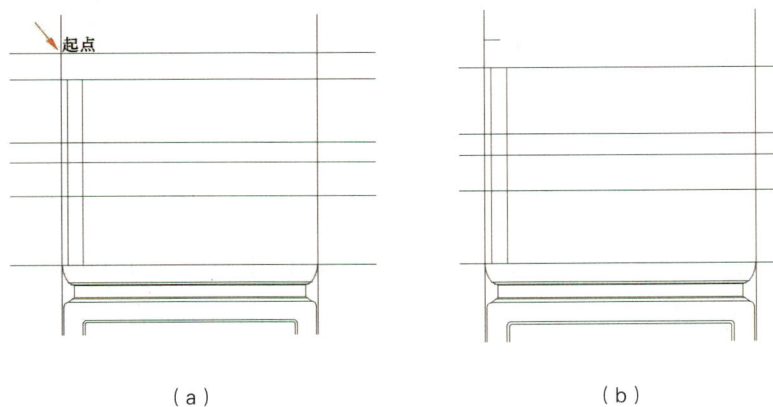

（a）　　　　　　　　　　　　　　　（b）

图8-3-6　椅背绘制

（7）使用圆弧命令下，起点一端点一方向，绘制椅背上方弯曲部位，弯曲度适中即可，绘制一条圆弧后，将其移动复制到另一侧，并将辅助线删掉，完成椅背绘制，如图8-3-7所示。

（8）将图8-3-8（a）中所选直线向右侧进行偏移，偏移尺寸分别为123、218、336，再对其进行修剪，并将多余辅助线删除掉，完成扶手外轮廓造型，如图8-3-8（b）所示。

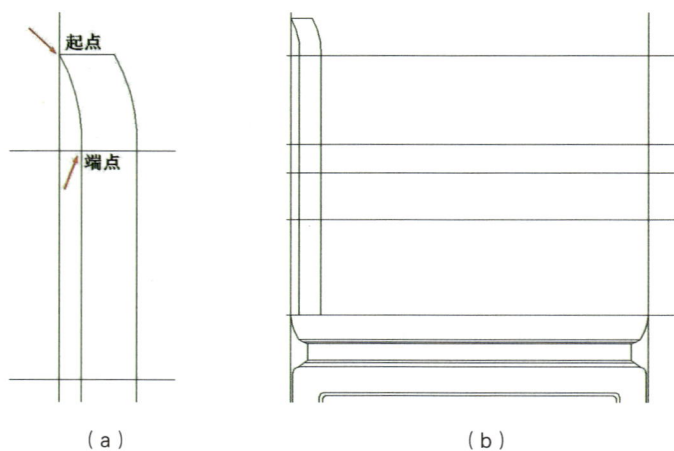

（a）　　　　　　　　　　　（b）

图8-3-7　椅背绘制完成

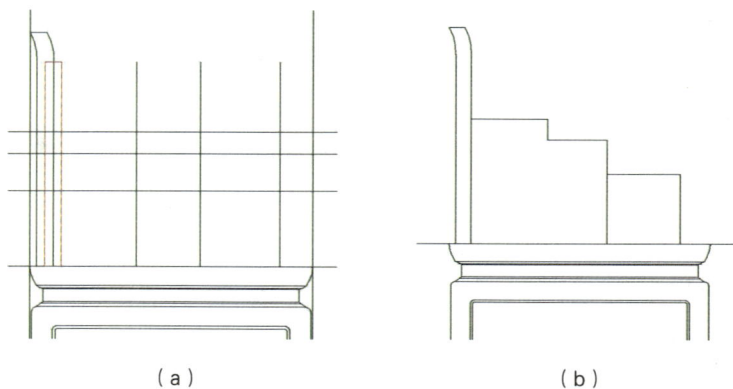

（a）　　　　　　　　　　　（b）

图8-3-8　扶手外轮廓效果绘制

（9）按图8-3-9（a）所示，将上图修剪后外轮廓进行偏移，偏移距离均为25，再按图8-3-9（b）所示造型，对直线进行修剪、延伸等操作。

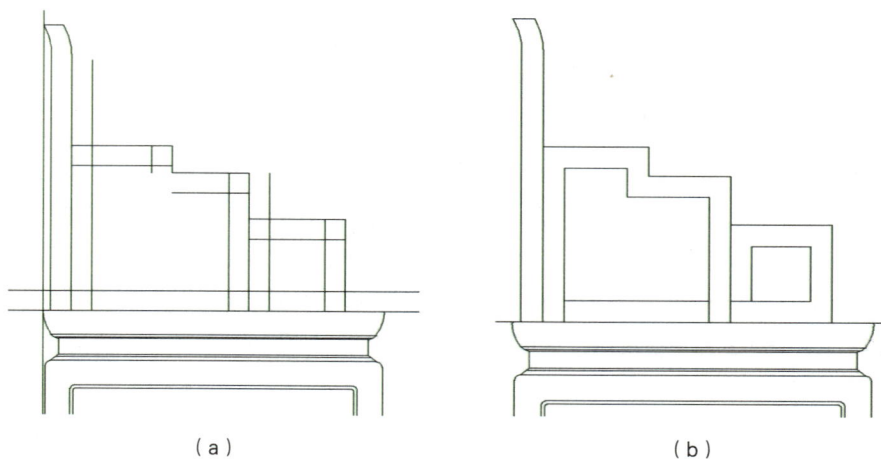

（a）　　　　　　　　　　　（b）

图8-3-9　扶手造型绘制1

（10）以图8-3-10中箭头所指点为起始点绘制直线，该点距离其上一点（矩形内点）距离为33，之后向左绘制直线，长度为121，向下绘制直线，长度为76，向右绘制直线，长度为69，向上绘制直线长度为25。

（11）继续对绘制后直线进行偏移，偏移距离均为25，偏移位置如图8-3-11（a）所示，偏移后按图8-3-11（b）所示，完成修剪。

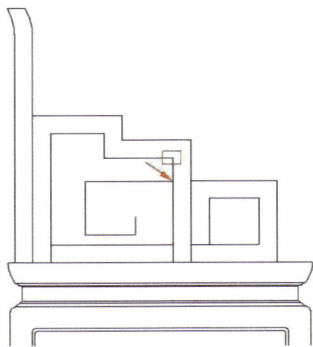

图8-3-10　扶手造型绘制2

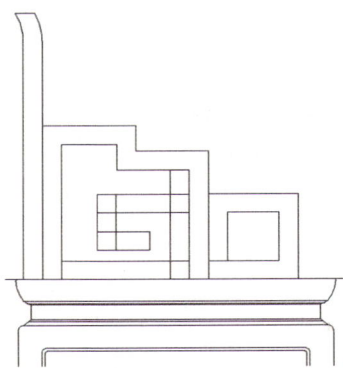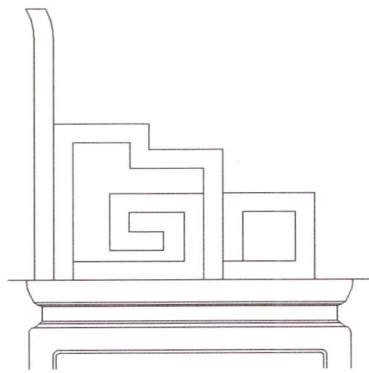

（a）　　　　　　　　　　　　　　　（b）

图8-3-11　扶手造型绘制3

（12）在图8-3-12（b）所标记位置处绘制两个圆弧，使用起点—端点—方向进行绘制圆弧，圆弧高度适当即可。右侧圆弧长度为25，如图8-3-12（a）所示，圆弧大小参考（a）图，绘制完圆弧后将圆弧中间的直线删除掉，完成效果如（b）图所示。

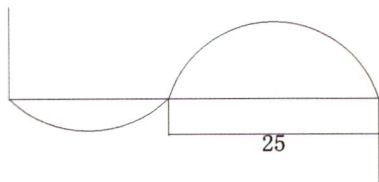

（a）

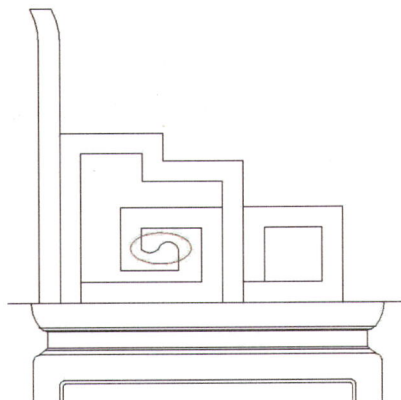

（b）

图8-3-12　扶手造型绘制4

（13）如图8-3-13所示，对造型进行倒圆角，下图中标注1的圆角，倒角半径为5，共八个角，图中标注2的圆角，倒角半径为3，共八个角。注：倒角后"消失"的线要用直线进行修补。

（14）将倒角后顶点各中点进行连接，连接后效果如图8-3-14所示。

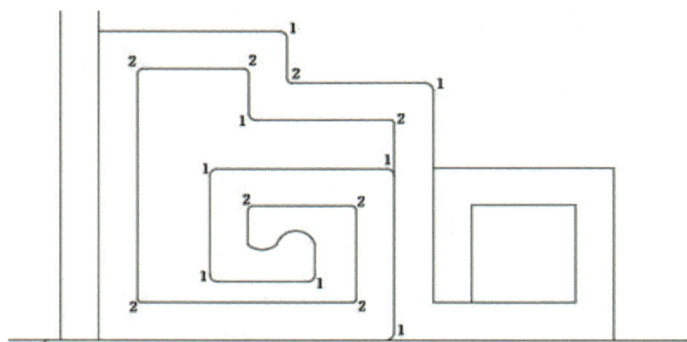

图8-3-13　扶手倒圆角

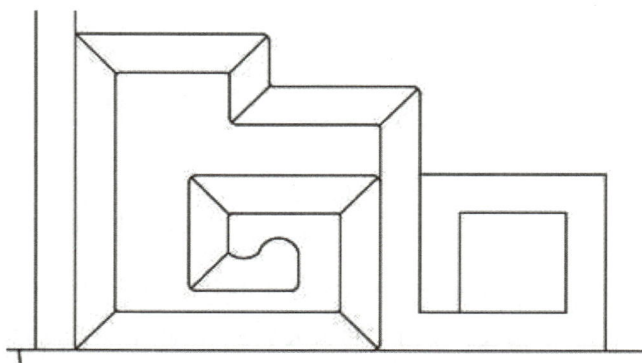

图8-3-14　中点连接后造型

（15）绘制扶手右侧造型。以图8-3-15中箭头所指点为起始点绘制直线，该点距离其下一点（矩形内点）距离为14，之后向右绘制直线，长度为59，向上绘制直线，长度为25，向左绘制直线至相交。

（16）对绘制直线进行修剪，修剪造型如图8-3-16（a）所示，修剪后将图8-3-16（b）中所选直线向下进行延伸，延伸长度为4。

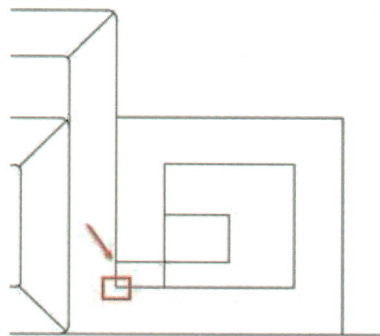

图8-3-15　绘制直线

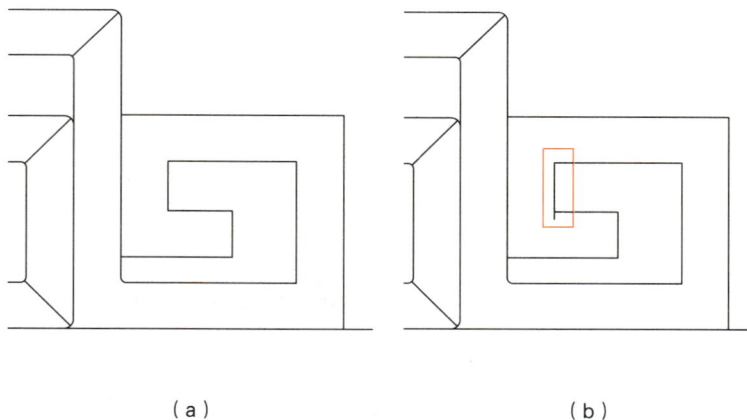

（a）　　　　　　　　　　　　　　　　　　（b）

图8-3-16　修剪、延伸造型

（17）按图8-3-17（a）标注尺寸及造型进行绘制，造型绘制使用圆弧命令，起点—端点—方向进行绘制，绘制圆弧适当即可，绘制后将直线删除，完成效果如图8-3-17（b）所示。

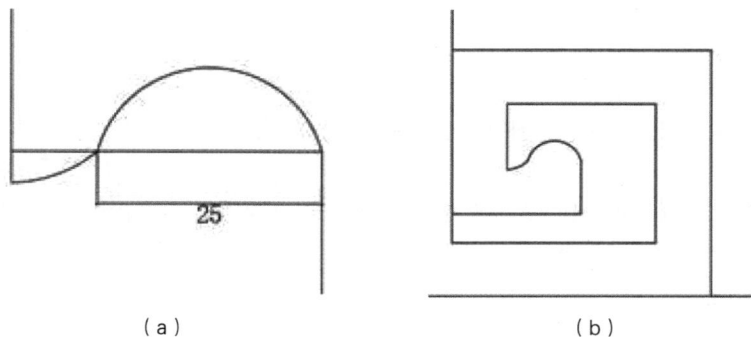

（a）　　　　　　　　　　　　　　　　　（b）

图8-3-17　使用圆弧命令

（18）对造型进行倒圆角，图8-3-18中标注1的圆角，倒角半径为5，共五个角，图中标注2的圆角，倒角半径为3，共四个角。注：倒角后"消失"的线要用直线进行修补。

（19）将倒角后顶点各中点进行连接，连接后效果如图8-3-19所示。

（20）修剪及删除多余直线，完成太师椅左视图绘制，完成后效果图如图8-3-20所示。

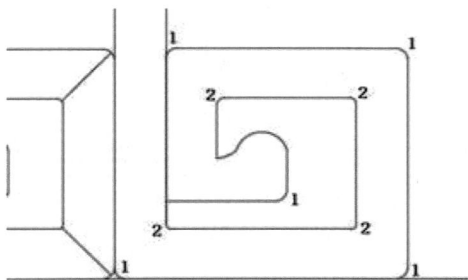

图8-3-18　扶手倒圆角

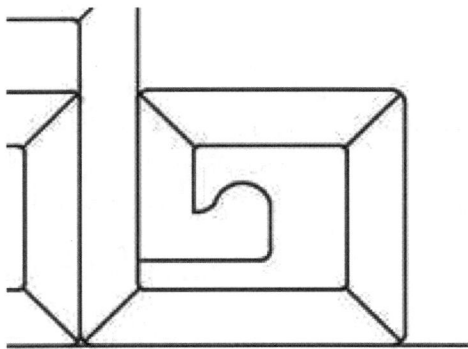

图8-3-19　连接直线后造型

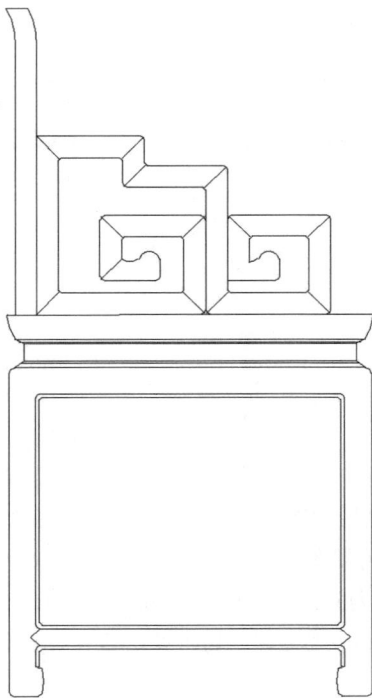

图8-3-20　左视图完成后效果

任务四　太师椅俯视图的绘制

知识目标：掌握太师椅俯视图的画法。

能力目标：能根据实际情况，完成太师椅的俯视图。

绘制思路：从主视图延伸必要的辅助线，确定俯视图轮廓，再从外至内进行绘制，绘制步骤如下。

（1）从主视图向下绘制所需辅助线，具体位置如图8-4-1（a）（b）所示，之后将一侧的辅助线复制到另外一侧，如图8-4-1（c）所示。

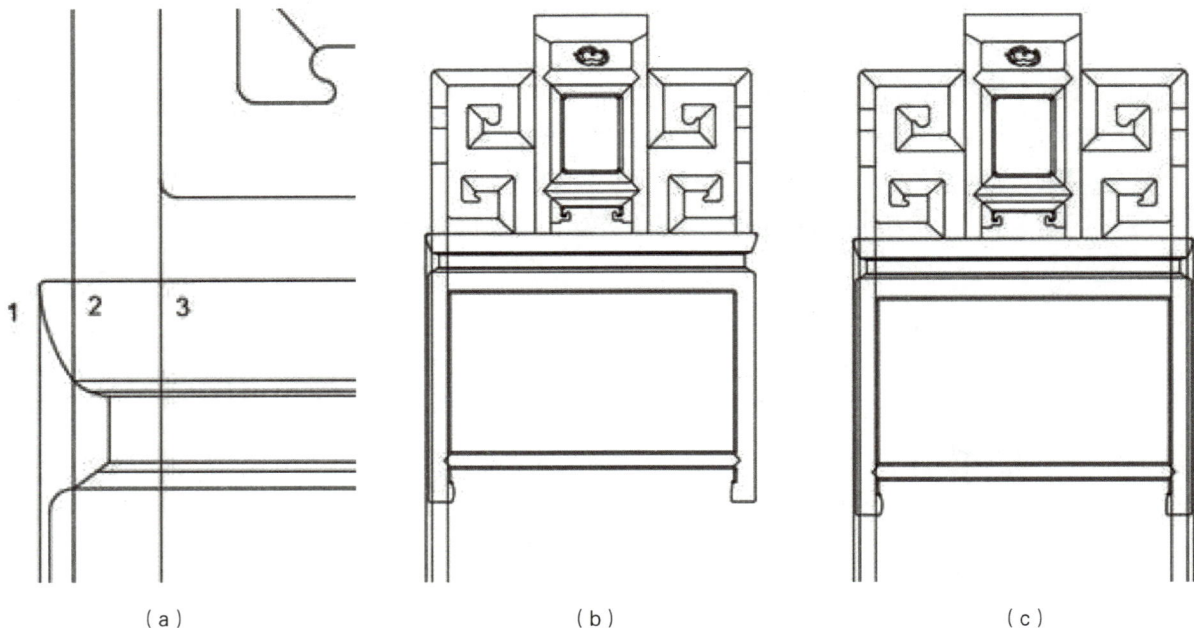

| （a） | （b） | （c） |

图8-4-1　辅助线放大具体位置

（2）在主视图下方横跨辅助线任意位置绘制一条直线，并将该直线进行偏移，偏移距离为420，如图8-4-2（a）所示，之后对辅助线进行剪切，完成俯视图外轮廓绘制，如图8-4-2（b）所示。

（3）将俯视图外轮廓上边直线向下进行偏移，偏移距离分别为10、35，再将外轮廓下边直线向上进行偏移，偏移距离为65，偏移后效果如图8-4-3所示。

（4）对图8-4-3进行剪切，剪切后效果如图8-4-4所示。

（a）　　　　　　　　　　　　　（b）

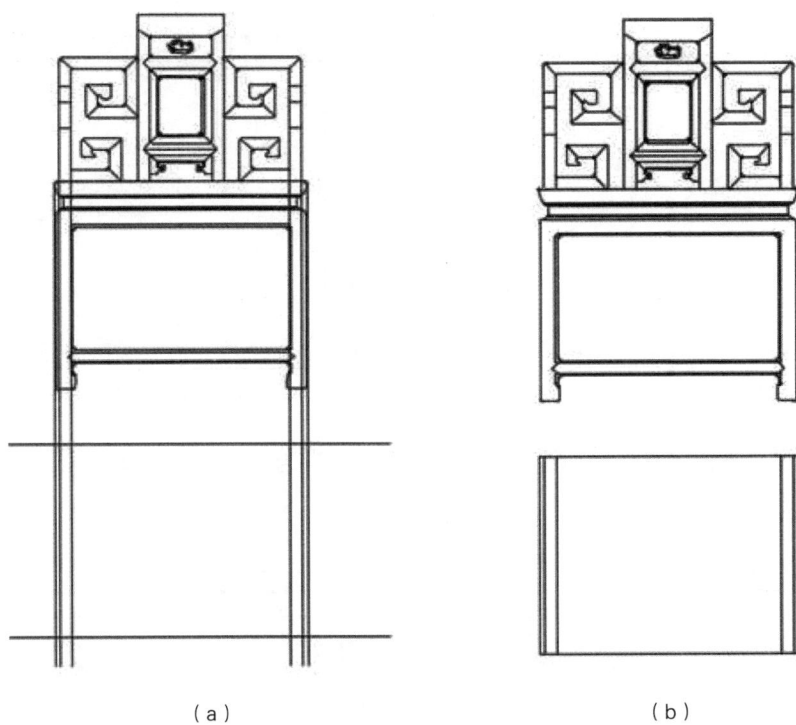

图8-4-2　俯视图外轮廓绘制

图8-4-3　直线偏移后效果　　　　　　　　图8-4-4　直线剪切后效果

（5）将图中箭头所指三条直线分别向内进行偏移，偏移距离均为30，如图8-4-5所示。

（6）剪切偏移后的直线，效果如图8-4-6所示。

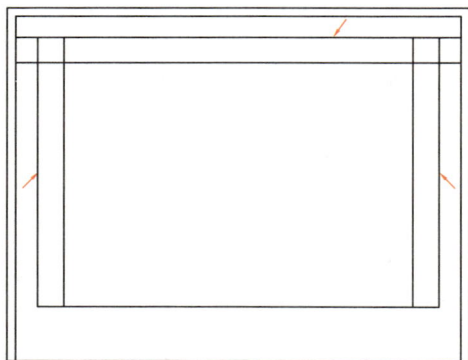

图8-4-5　偏移后直线

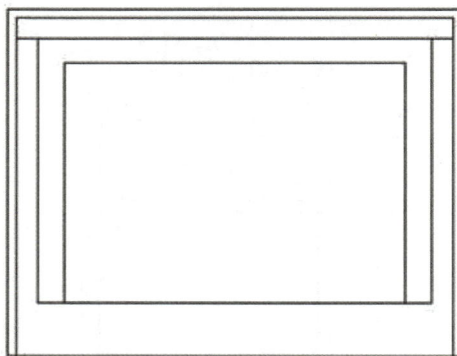

图8-4-6　剪切后效果

（7）将俯视图外轮廓左右两条直线向内进行偏移，偏移距离均为175，如图8-4-7（a）所示，偏移后进行剪切，如图8-4-7（b）所示。

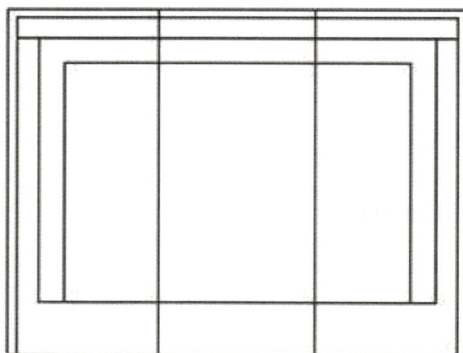

（a）

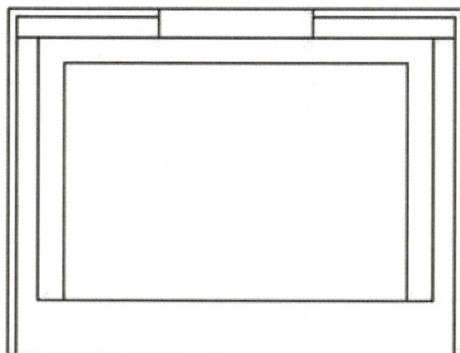

（b）

图8-4-7　偏移后效果

（8）将图中箭头所指直线向上进行偏移，偏移距离为10，偏移后对其进行剪切，只留中间部分，效果如图8-4-8所示。

（9）在图8-4-9中所标记位置处连接直线。

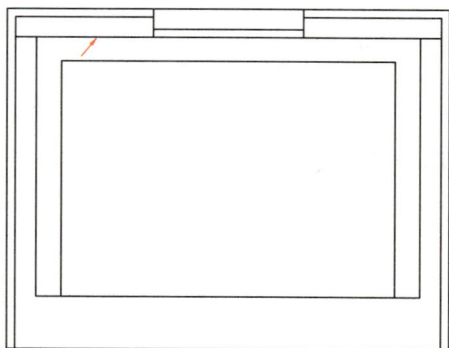

图8-4-8　修剪后效果

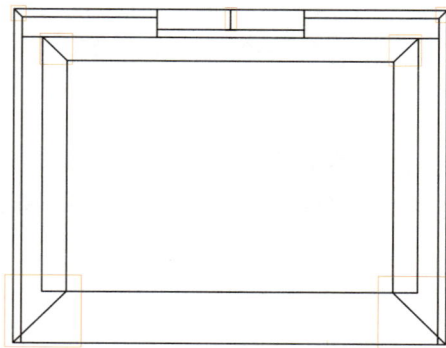

图8-4-9　直线连接位置

（10）绘制左下角造型，先将图8-4-10（a）中框选直线向下进行延伸至与斜线相交，再以相交点为起点向左侧水平绘制直线，如图8-4-10（b）所示，绘制后对直线进行剪切，完成效果如图8-4-10（c）所示。

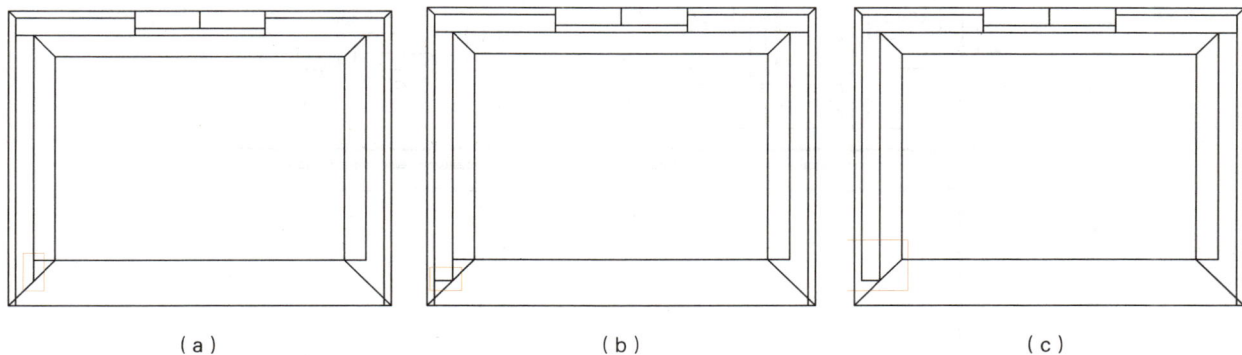

（a）　　　　　　　　　　　　　　（b）　　　　　　　　　　　　　　（c）

图8-4-10　左下角造型绘制

（11）将下图中箭头所指直线向上进行偏移，偏移距离为130、225，效果如图8-4-11所示。

（12）重复上述步骤10、11，完成俯视图右侧造型，完成后俯视图效果如图8-4-12所示。

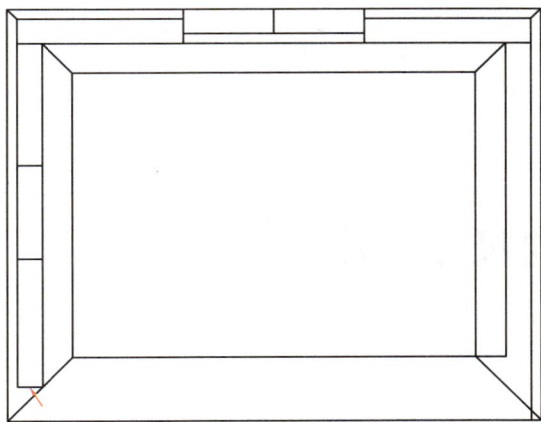

图8-4-11　偏移后效果　　　　　　　　　　　　　　图8-4-12　太师椅俯视图

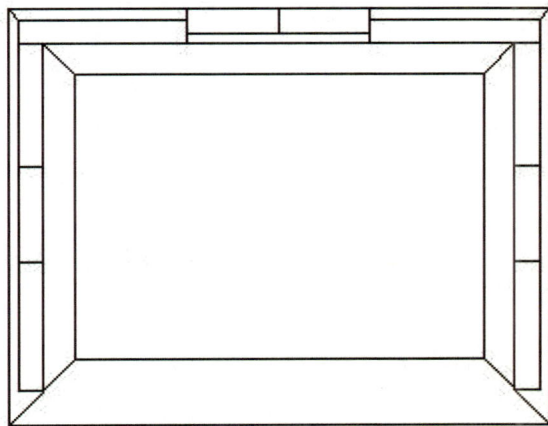

（13）完成后三视图效果如图8-4-13所示。

图8-4-13　太师椅三视图

任务五　太师椅的尺寸标注

知识目标：掌握太师椅的尺寸标注方法。

能力目标：能对太师椅剖视图进行尺寸标注。

太师椅尺寸标注步骤如下。

（1）主视图标注太师椅的高度和宽度，高度为810，宽度为530，注：宽度为530是椅座外侧倒角距离。标注方法：命令行输入"dim"，回车后进行标注，标注后效果如图8-5-1所示。

（2）左视图标注椅座高度、扶手高度、椅背高度以及太师椅进深。椅座高度为450、椅座至扶手高度为200、扶手至椅背顶部为160、太师椅进深为420。标注方法：命令行输入"dim"，回车后进行标注，标注后效果如图8-5-2所示。

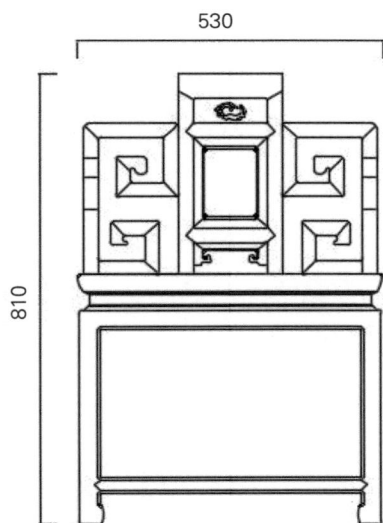

图8-5-1　主视图标注尺寸

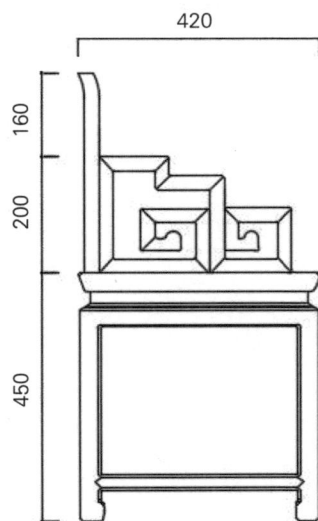

图8-5-2　左视图标注尺寸

（3）俯视图中标注出外轮廓长、宽即可。长为530，宽为420，具体标注位置如图8-5-3所示。标注方法：命令行输入"dim"，回车后进行标注。

（4）标注后三视图效果如图8-5-4所示。

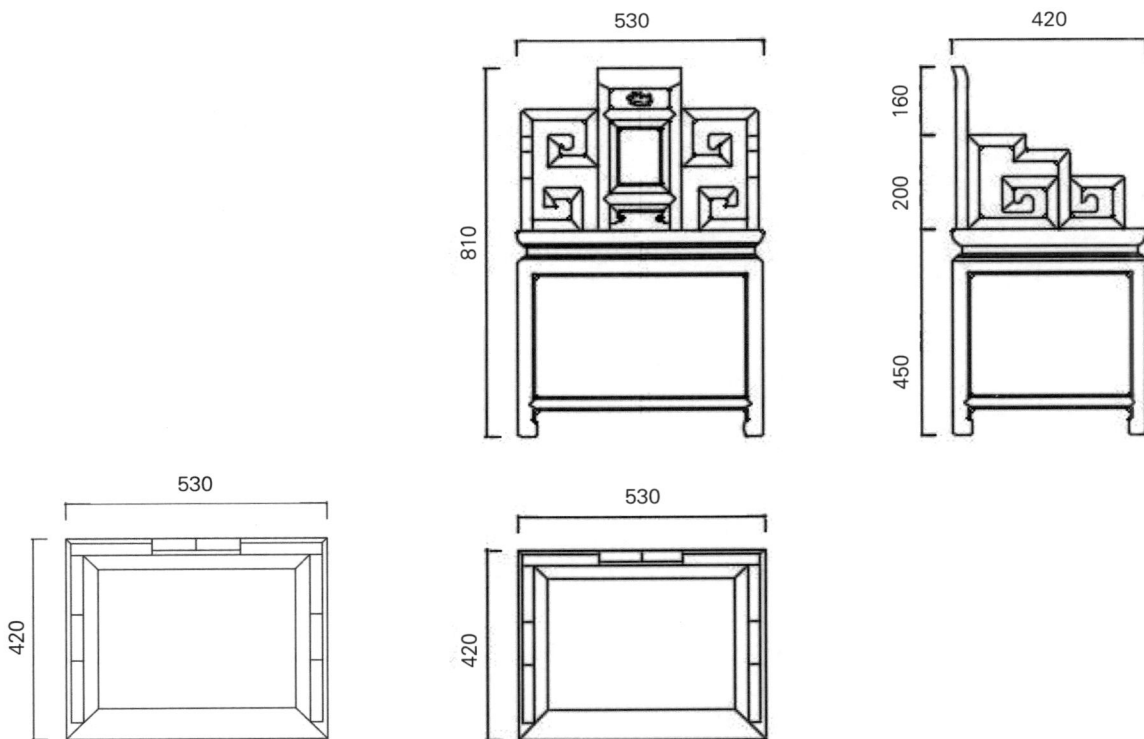

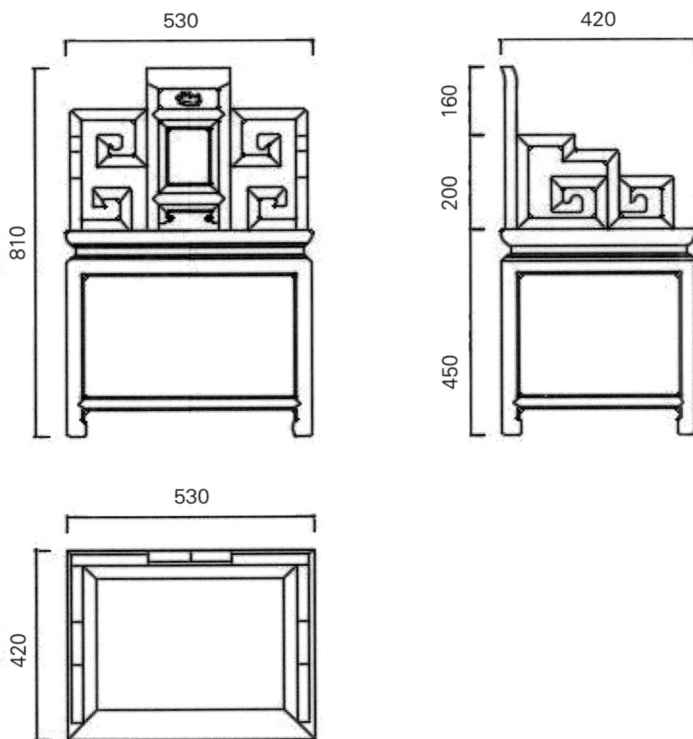

图8-5-3　俯视图标注尺寸

图8-5-4　太师椅三视图

实训练习

参考上述太师椅的绘制方法，完成下图中明代玫瑰椅三视图的绘制。

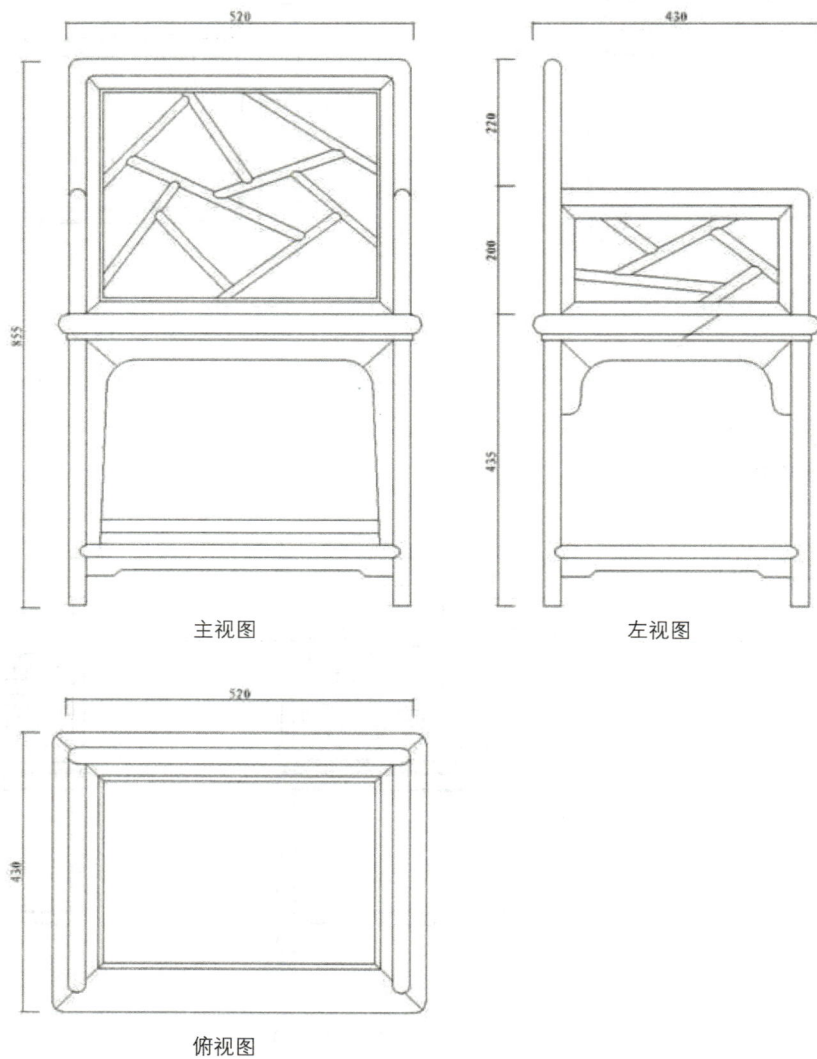

主视图

左视图

俯视图

项目九　翘头案的绘制

翘头案是一种古老的中国家具，案面两端装有翘起的飞角，故称翘头案。明清时期主要是供陈设用的承具。故翘头案大多设有挡板，并施加精美的雕刻。通过本案例的学习，大家既能熟悉翘头案的基本尺寸及设计要求，又能进一步掌握家具设计中三视图的绘制技巧。

任务一　翘头案案例分析与AutoCAD绘图环境设置

知识目标：掌握绘制翘头案时绘图环境的设置方法和命令。

能力目标：能建立新图层，熟练应用CAD命令绘制翘头案三视图。

一、案例分析

本案例主要利用直线（L）、矩形（REC）、样条曲线（SPL）、复制（CO）、修剪（TR）、镜像（MI）、延伸（EX）、分解（X）等命令。

二、设置绘图环境

（1）新建文档：打开中文AutoCAD2016，新建一个文档。

（2）设置图形单位：单击菜单"格式—单位"（或者输入UN命令），打开"图形单位"对话框，将单位设置为"mm"后，点击"确定"按钮结束。

（3）创建图层：点击工具栏的"图层特性"（或者输入LA命令），创建图层，如图9-1-1所示。

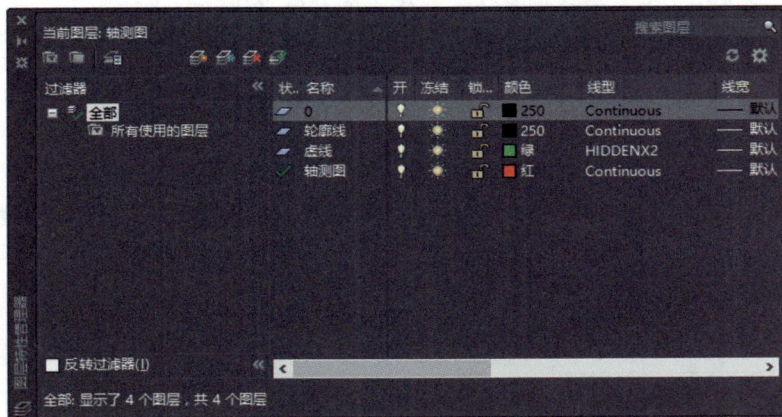

图9-1-1　图层特性管理

① 轮廓线图层：颜色为黑色，线型为实体线，线宽默认。

② 虚线图层：颜色为绿色，线型为虚线，线宽默认。

③ 轴测图图层：颜色为红色，线型为实体线，线宽默认。

任务二　翘头案主视图的绘制

知识目标：掌握翘头案主视图的画法。

能力目标：能根据实际情况，完成翘头案的主视图。

翘头案的主视图是翘头案绘制的基础。在绘制主视图时，可将其分为两个步骤。

一、确定翘头案的尺寸

本次绘制的翘头案的尺寸可以规定为：案面高度为830mm，深度为420mm，宽度为1540mm。首先，绘制翘头案的案面外形尺寸，在命令行输入"REC"，按空格确认。在空白处点击一点，之后输入"D"来利用尺寸绘制。指定矩形的长为1540，按空格确定。指定矩形的宽为30，按空格确定。之后用鼠标随意在空白处点击，得到一个长为1540，宽为30的矩形，绘制效果如图9-2-1所示。

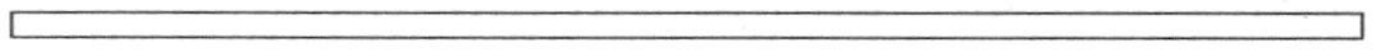

图9-2-1　翘头案的案面尺寸

二、翘头案的细节

1.翘头案框架的绘制

命令行里输入"X"，按空格确认，框选矩形，空格确认，将矩形分解。

输入"O"，按空格确认，输入偏移量30，选择矩形的左侧直线，空格确认，将案面下沿的位置绘制出来。

输入"SPL"，按空格确认，选择矩形左上侧的点，再选择偏移后直线内侧的下方一点，再选择偏移后直线的下侧点，按空格确认，案面的斜角绘制出来。

输入"TR"，按两次空格确认，将多余的线删除，绘制出翘头案案面的外部框架。

输入"MI"，按空格确认，选择刚才的样条曲线，空格确定，选择矩形的上下两个直线的中点进行镜像，如图9-2-2所示。

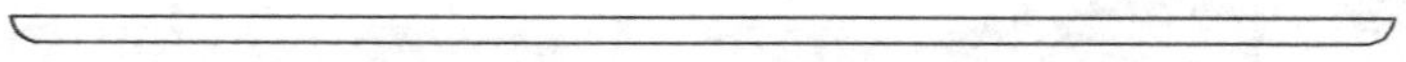

图9-2-2　翘头案的框架绘制

2.翘头案支撑的绘制

翘头案内部有两个支撑结构。

在命令行输入"L"，按空格确定，选择上图绘制的左下侧点，向下拉伸鼠标，输入"810"。

输入"O"，按空格确定，输入偏移量10，将所绘制直线向内侧偏移。

输入"O"，按空格确定，输入偏移量30，将上一步所得直线向内偏移。

输入"O"，按空格确定，输入偏移量10，将上一步所得直线向内偏移。

输入"O"，按空格确定，输入偏移量30，将上一步所得直线向内偏移。

输入"O"，按空格确定，输入偏移量10，将上一步所得直线向内偏移，如图9-2-3所示。

输入"L"，按空格确定，选择上一步所作直线的最左侧下沿一点，连接上一步所作直线的最右侧一点。

输入"O"，按空格确定，输入偏移量50，将所得直线向上偏移。

输入"O"，按空格确定，输入偏移量10，将支撑结构的最左及最右的直线向外偏移。形成底座的边界线。

输入"EX"，按空格确定，以上一步偏移的直线为边界，将偏移50之后的直线延伸。

输入"TR"，按两次空格确认，将除了围成的矩形之外的线删除。所得矩形代表底座。

输入"MI"，选择支撑结构的所有图元，按空格确定，选择上一步绘制的案面的中心进行镜像，如图9-2-4所示。

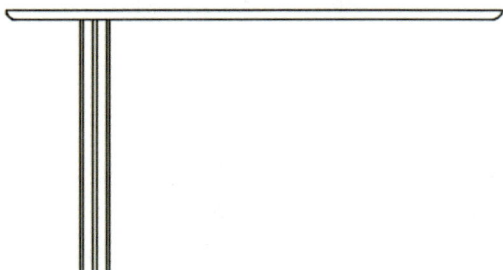

图9-2-3 支撑结构的绘制1   图9-2-4 底座的绘制

输入"REC"，按空格确认，选择左侧支撑结构与案面的连接点，按空格确认，输入"D"，按空格确认，输入长和宽分别为140，绘制出一个正方形，如图9-2-5所示。

输入"X"，按空格确认，选择正方形，进行分解。

输入"O"，按空格确认。输入"50"，将正方形的右侧线与上侧线进行偏移。

输入"TR"，按两次空格确认，将无用的线条删除，如图9-2-6所示。

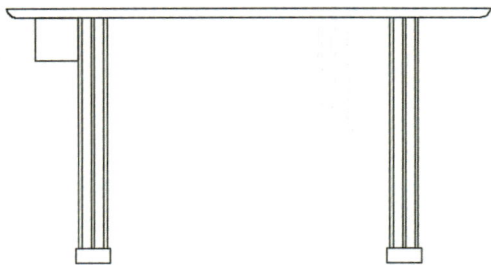

图9-2-5 支撑结构的绘制2   图9-2-6 支撑结构的绘制3

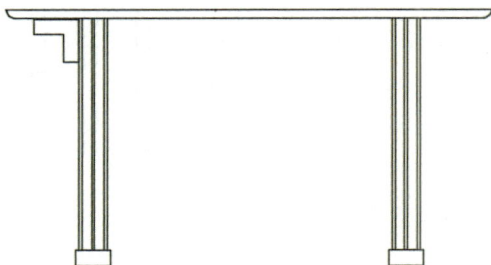

输入"CHA"，按空格确认，输入"R"，按空格确定，输入倒圆角为20，将连接处进行倒圆角处理。

输入"MI"，选择上一步绘制所有图元，按空格确定，选择案面的中心进行镜像，如图9-2-7所示。

输入"MI"，分别选择支撑结构两侧的所有图元，按空格确定，以各个支撑结构的中心镜像。

将镜像后的两部分结构用直线（L）连接起来。

输入"TR"，按两次空格确认，将无用的线条删除，如图9-2-8所示。

图9-2-7　支撑结构的绘制4

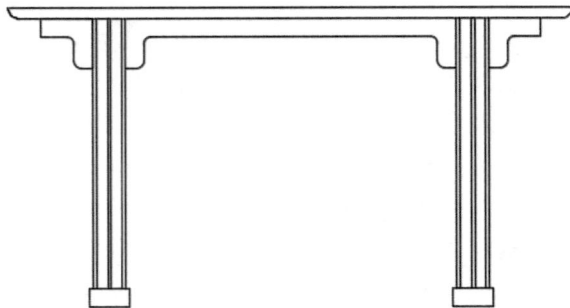

图9-2-8　支撑结构的绘制5

输入"L"，按空格确定。以桌面左上角一点向上绘制长为30的直线。

输入"L"，按空格确定。在上一步所绘制直线的中点位置开始，向左侧绘制长度为5的直线。

输入"O"，按空格确认。输入"60"，将长为30的直线向右侧偏移，如图9-2-9所示。

输入"SPL"，按空格确认，依此选择上一步所绘制的直线的端点再空格确认，案面的斜角绘制出来。

将辅助线删除后，输入"MI"，选择所绘制的图元，按空格确定，以桌面的中心镜像，如图9-2-10所示，完成主视图的绘制。

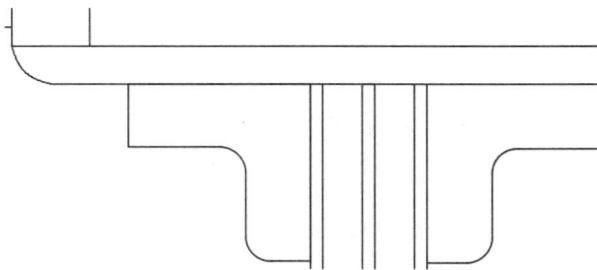

图9-2-9　翘头的绘制

图9-2-10　翘头案的主视图

任务三　翘头案左视图的绘制

知识目标：掌握翘头案左视图的画法。

能力目标：能根据实际情况，完成翘头案的左视图。

翘头案的左视图是翘头案三视图的重要组成部分。在绘制左视图时，可将其分为两个步骤。

一、确定翘头案的尺寸

选择"轮廓线"图层。

输入"L"，按空格确定，在主视图的右侧绘制一条垂直的直线。保证主视图是在直线的端点之内，距离主视图700～800mm的距离。

输入"EX"，按空格确定，以上一步所作的直线为边界，将主视图的最下侧直线延伸。

输入"L"，按空格确定，以主视图最上侧一点为起始点，连接上一步所作辅助线。

输入"O"，按空格确定，输入偏移量420，将垂直的直线向左侧偏移。所形成的矩形就是翘头案的左视图轮廓。

输入"TR"，按两次空格确认，将除了围成的矩形之外的线删除，如图9-3-1所示。

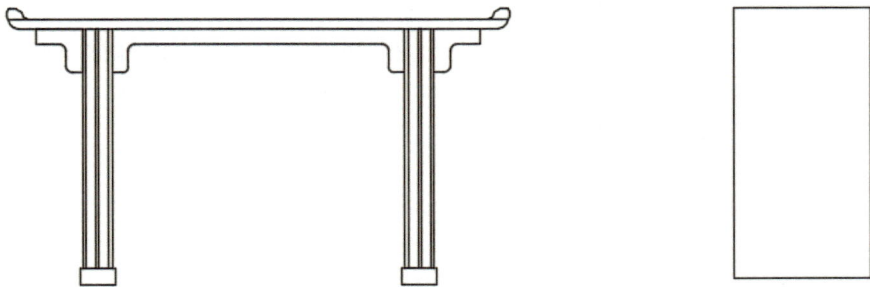

图9-3-1　左视图外侧的绘制

二、翘头案的内部细节

输入"O"，按空格确认，输入偏移量30，选择矩形的上侧直线，空格确认，将翘头绘制出来。

输入"O"，按空格确认，输入偏移量30，空格确认，选择上一步所作的直线，将桌面厚度绘制出来。

输入"O"，按空格确认，输入偏移量50，空格确认，选择上一步所作的直线，将支撑结构堵头绘制出来，如图9-3-2所示。

在命令行输入"REC"，按空格确定，选择堵头与左侧直线相交一点，输入"D"，按空格确定。输入长和宽分别为30、140，向下点击任意一点，绘制一个矩形。

输入"X"，选择矩形，将其分解。

输入"M"，按空格确认，选择上一步所作矩形，空格确认，点击任意一点，将矩形水平向右移动20。

输入"MI"，按空格确定，选择图形的中心，将矩形镜像，如图9-3-3所示。

图9-3-2　左视图翘头堵头的绘制　　　　图9-3-3　衬板的绘制

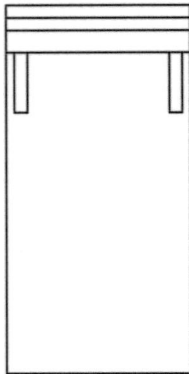

在命令行输入"O"，按空格确定，输入"10"，将上一步所作的左侧矩形的左侧直线，向左侧偏移。

输入"O"，按空格确认，输入偏移量50，选择上一步所作直线，空格确认，将其向右偏移。

输入"EX"，按空格确认，以左视图最下侧直线为边界，将上一步所作两条直线延伸。

输入"TR"，按两次空格确定，将除了围成的矩形之外的线删除。

输入"MI"，按空格确定，将所画图元以左视图中心镜像，如图9-3-4所示。

在命令行输入"L"，按空格确定，选择上一步所作的右侧矩形右下一点，水平向右延伸，输入"10"。

输入"REC"，按空格确认，以上一步所作直线的外侧端点为起始点，输入"D"，绘制一个长为420，宽为50的矩形，点击所绘制矩形的左上方任一点结束。

输入"X"，选择矩形，将其分解。

输入"TR"，按两次空格确定，将除了围成的矩形之外的线删除，如图9-3-5所示。

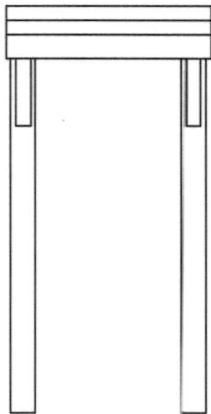

图9-3-4　左视图抽屉侧的绘制　　　　图9-3-5　底座的绘制1

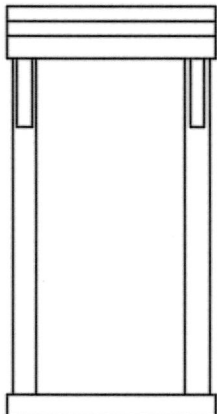

输入"O"，按空格确认，输入偏移距离10，将最下方直线向上偏移。

输入"O"，按空格确认，输入偏移距离70，将矩形左侧直线向右偏移。

输入"O"，按空格确认，输入偏移量10，将上一步所作直线向右偏移。

输入"L"，按空格确认，连接边长为10的正方形两个端点，从左下到右上，如图9-3-6所示。

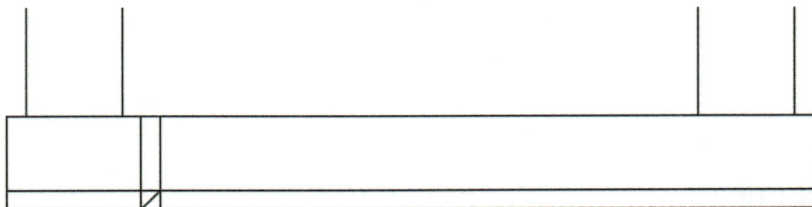

图9-3-6　底座的绘制2

输入"MI"，将所画的斜线按照左视图的中心线镜像。

输入"TR"，按两次空格确定，将无用的线条删除，如图9-3-7所示。

输入"O"，按空格确定，输入距离280，将案面所代表直线向下偏移，按空格重复上一步命令，将所绘制直线向下偏移30。

输入"TR"，按两次空格确定，将无用的线条删除。

输入"T"，按空格确定，在所绘制内部标明"镂空雕花"，如图9-3-8所示。

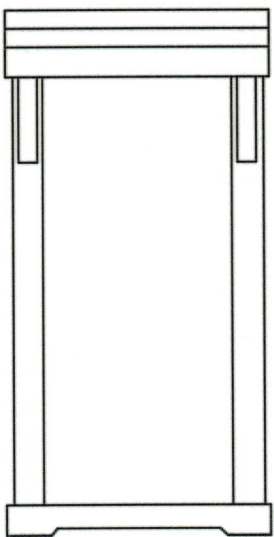

图9-3-7　底座的绘制3

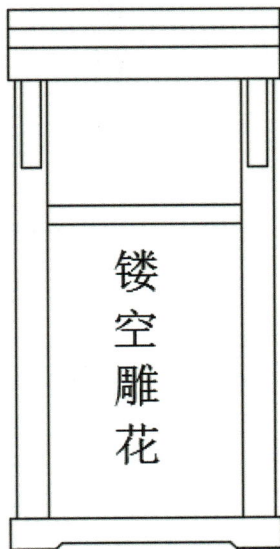

图9-3-8　支撑结构绘制

镂空雕花

任务四　翘头案俯视图的绘制

知识目标：掌握翘头案俯视图的画法。

能力目标：能根据实际情况，完成翘头案的俯视图。

翘头案的俯视图是翘头案三视图的重要组成部分。在绘制俯视图时，可将其分为两个步骤。

一、确定翘头案的外形尺寸

选择"轮廓线"图层。

输入"L"，按空格确定，在主视图的下侧绘制一条水平的直线。保证主视图是在直线的端点之内，距离主视图700～800mm的距离。

输入"L"，按空格确定，以主视图最左侧一点为起始点，向下绘制，与直线相交。

输入"REC"，按空格确认，以上一步所作的交点为起始点，输入"D"，绘制一个长为1550，宽为420的矩形，点击所绘制直线的右下方任一点结束。

输入"X"，选择矩形，将其分解。

输入"TR"，按两次空格确认，将除了围成的矩形之外的线删除，如图9-4-1所示。

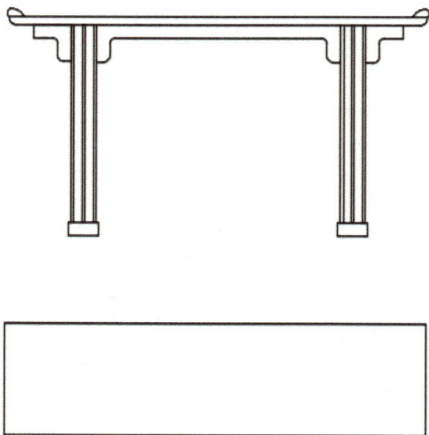

图9-4-1　俯视图的绘制1

二、翘头案的内部细节

输入"O"，按空格确认，输入偏移量60，选择矩形的左侧直线向右侧偏移。

输入"O"，按空格确认，输入偏移量10，选择上一步所绘制直线，向内侧偏移。

输入"O"，按空格确定，输入偏移量80，将矩形的上侧直线向内偏移。

输入"O"，按空格确定，输入偏移量20，选择上一步所绘制的直线，向内侧偏移。

输入"L"，按空格确定，将所得矩形的左上点和右下点连接起来，如图9-4-2所示。

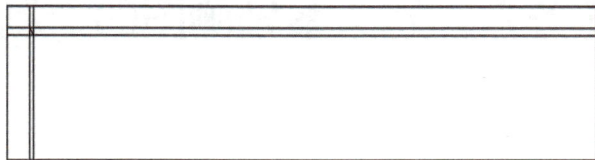

图9-4-2　俯视图的绘制2

输入"TR"，按两次空格确定，将无用部分删除。

输入"MI"，按空格确认，分别按照俯视图的垂直和水平中心线将斜线镜像。

输入"TR"，按两次空格确定，将多余部分删除，如图9-4-3所示。

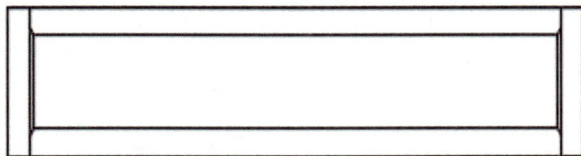

图9-4-3　俯视图的绘制3

任务五　翘头案的尺寸标注

知识目标：掌握翘头案尺寸标注方法。

能力目标：能根据实际情况，完成翘头案的尺寸标注。

　　绘制完翘头案的三视图后，要对图纸进行标注。标注翘头案的外形整体尺寸及板材的尺寸。进行标注后将标注的位置进行调整，保证标注的尺寸清晰、合理、整洁，如图9-5-1所示。

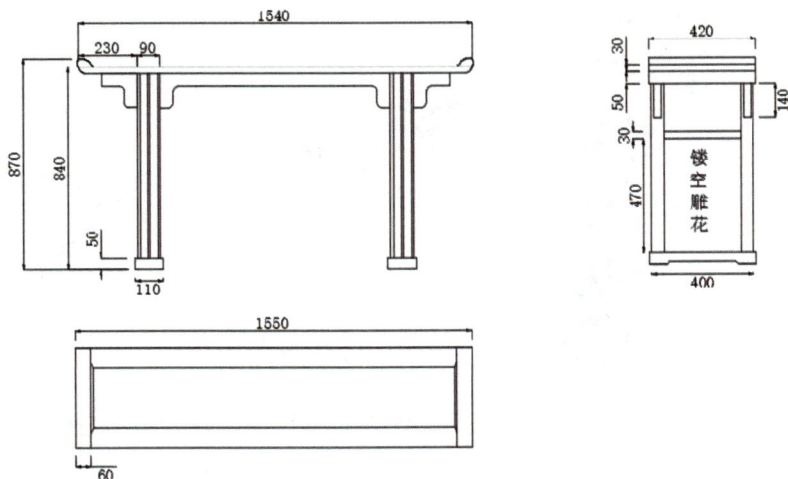

图9-5-1　翘头案尺寸标注

任务六　翘头案轴测图的绘制

知识目标：掌握翘头案轴测图的画法。

能力目标：能根据实际情况，完成翘头案的轴测图。

家具的轴测图相比于三视图更为直观地显示家具的外观形态，因此，在对家具进行绘制时，插入轴测图来表达更为清晰、明确的家具形象。

选择图层：轴测图。输入"CO"，选择翘头案的主视图，按空格确认，复制到空白部分。

由于轴测图仅仅表示家具外观，因此内部结构不用表达出来。

输入"REC"，按空格确认，将翘头案的各个板材利用矩形命令重新勾勒出来。

输入"BO"或者"REG"，利用边界和面域将要拉伸的材料选择，如图9-6-1所示。

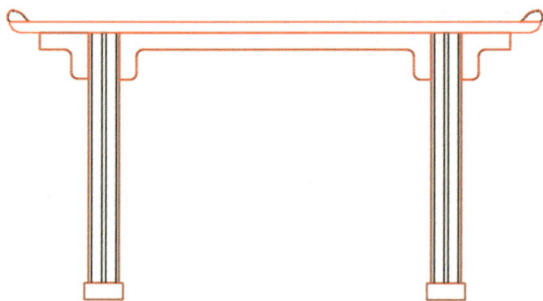

图9-6-1　翘头案面域制作

输入"V"，按空格确认。在弹出的对话框内双击"预设视图"下的"西南等轴测"。用鼠标点击"确定"，如图9-6-2所示。

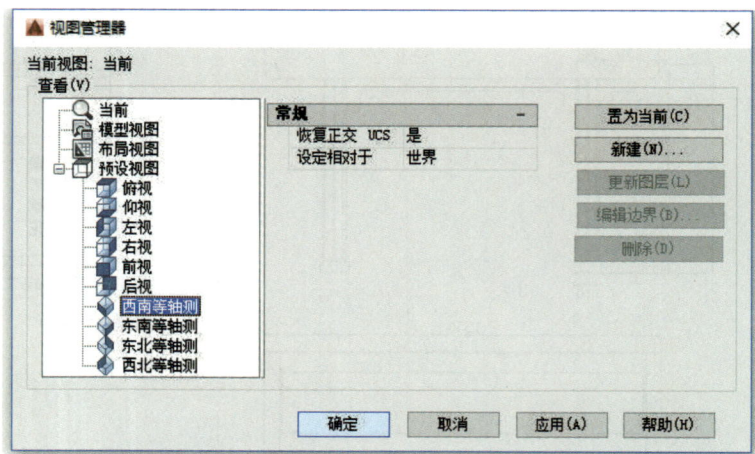

图9-6-2　翘头案轴测图方向选择

输入"ROTATE3D"，按空格确定。选择上一步所作的翘头案主视图，按空格确定，选择第一点为翘头案左侧底座下侧的外沿点，选择第二点为翘头案左侧板下侧内沿点。输入旋转角度90，效果如图9-6-3所示。

输入"EXT"，空格确认，选择翘头案的顶板、翘头部分，按空格确认，输入拉伸长度420。

输入"EXT"，空格确认，选择翘头案的支撑部分，按空格确认，输入拉伸长度400。

输入"EXT"，空格确认，选择翘头案面下衬板，按空格确认，输入拉伸长度30。

输入"M"，将所有的板材移动到其真实的位置，如图9-6-4所示。

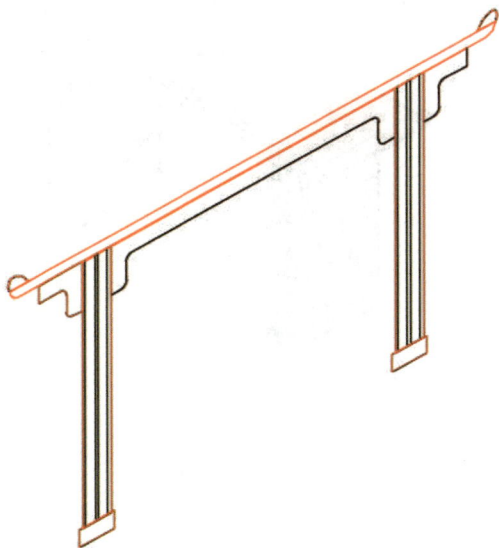

图9-6-3　翘头案轴测图绘制1　　　　　　　　　　图9-6-4　翘头案轴测图绘制2

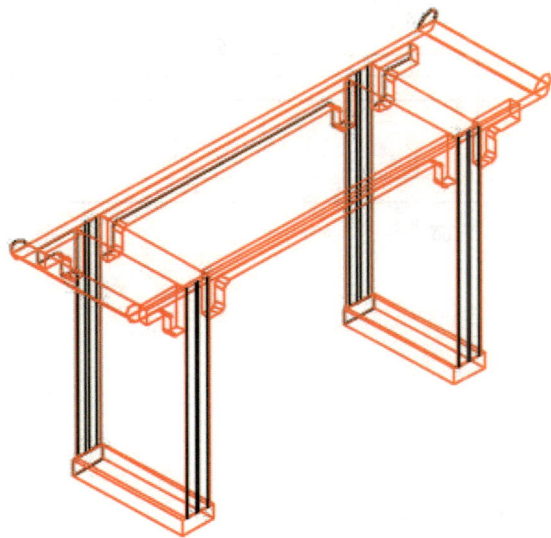

输入"UCS"，按空格确认，输入"V"，按空格确认，将所绘制的轴测图全选，按住键盘上的"Ctrl"键不放，按住键盘上的"C"，对其进行复制。

输入"V"，按空格确认。在弹出的对话框内双击"预设视图"下的"俯视"。用鼠标点击"确定"。按住键盘上的"Ctrl"键不放，按住键盘上的"V"，对其进行粘贴。

输入"M"，按空格确定，选择上一步所得图形，移动到合适位置，完成翘头案轴测图的绘制，如图9-6-5所示。

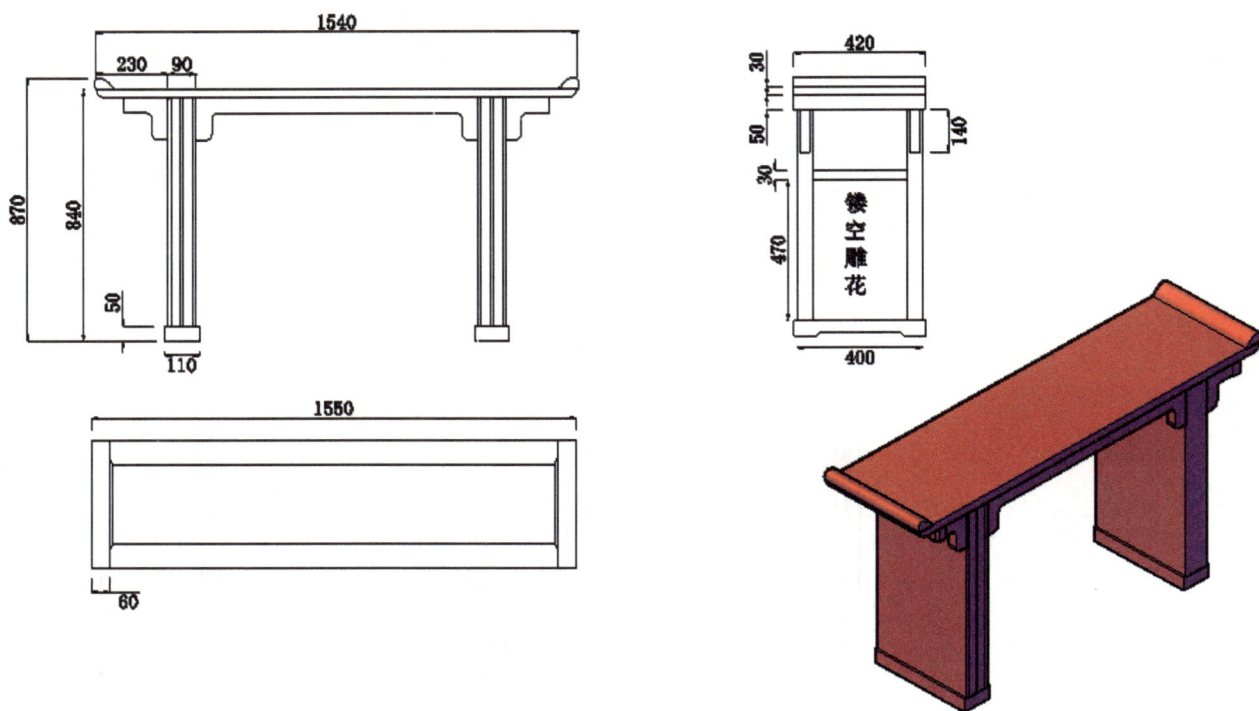

图9-6-5 翘头案轴测图绘制3

实训练习

根据本项目的内容，请利用AutoCAD绘制图中所示的翘头案。

参考文献

[1] CAD/CAM/CAE技术联盟．AutoCAD 2016中文版从入门到精通（标准版）[M]．北京：清华大学出版社，2017．

[2] 张英杰．建筑室内设计制图与CAD[M]．北京：化学工业出版社，2016．

[3] 周雅南．家具制图[M]．北京：中国轻工业出版社，2000．

[4] 夏冬，李玉云，徐国栋．家具制图与识图[M]．北京：化学工业出版社，2006．

[5] 彭红，陆步云．家具木工识图[M]．北京：中国林业出版社，2005．

[6] 丁真珍．基于个性化需求的板式衣柜设计研究[D]．南京林业大学硕士学位论文，2011．

[7] 李雪莲．家具模块化设计方法研究与设计实务[D]．南京林业大学硕士学位论文，2007．

[8] 陶锐．现代板式家具的设计研究[D]．中南林业科技大学硕士学位论文，2010．

[9] 王周，向阳，叶龙华．整体衣柜的创新设计思维[J]．家具与室内装饰，2006（9）：78-81．

[10] 孙克亮，王逢瑚．整体衣柜功能的适用性设计[J]．木材加工机械，2011，22（1）：14-16．

[11] 吴智慧．木质家具制造工艺学[M]．北京：中国林业出版社，2004．

[12] 阚树林．基础工业工程[M]．北京：高等教育出版社，2005．

[13] 林皎皎，李吉庆．人体工程学在柜类家具设计中的应用[J]．闽江学院学报，2004，25（5）：120-123．

[14] 曹瑞林，赵汇鑫．整体性衣物储藏空间的人性化设计[J]．郑州轻工业学院学报，2007，8（2）：66-68．

[15] 万毅．人性化家具功能尺寸设计系统研究[D]．南京林业大学硕士学位论文，2005．

[16] 孙德林．32mm系统家具的设计与制造技术（1）[J]．林产工业，2006，33（1）：53-55．

[17] 许柏鸣．家具设计[M]．北京：中国轻工业出版社，2009．

[18] 韩维生，行淑敏．32mm系统与大衣柜的标准化设计[J]．木材工业，2003，17（1）：17-20．

[19] 姚浩然，张彬渊．32mm系统与厨房家具的标准化设计[J]．林产工业，2000，27（6）：31-32．

[20] 刘文金，唐立华．当代家具设计理论研究[M]．北京：中国林业出版社，2007．

[21] 宋魁彦．家具设计制造学[M]．哈尔滨：黑龙江人民出版社，2006．

[22] 胡年秀，张绍明．板式家具的结构设计及结构图[J]．家具与室内装饰，1999，24（2）：14-15．

[23] 孙德林．32mm系统家具的设计与制造技术（5）——32mm系统的主要五金配件[J]．林产工业，2006，33（5）：48-50．